Militär, Staat und Gesellschaft
im 19. Jahrhundert

19世紀ドイツの
軍隊・国家・社会

ラルフ・プレーヴェ
［著］
阪口修平
［監訳］
丸畠宏太・鈴木直志
［訳］

創元社

日本語版への序文

軍事史は、ドイツの大学では、第二次世界大戦の悲惨な経験をした後、長い間研究の対象とはならなかった。ようやく二〇年くらい前から、顕著な変化がみられた。大学に軍事史の課程が設けられ、さまざまな資格試験に軍事史に関する論文が提出され、また軍事史をテーマとした大規模な、そして実り多い研究集会が多く開催されたのが、何よりの証拠である。一九九五年に創設された軍事史関係の二つの大きな研究組織、つまり「近世における軍隊と社会研究会（ＡＭＧ）」と「軍事史研究会（ＡＫＭ）」のメンバーならびにそれに強く関心を寄せている者だけでも一〇〇〇人をはるかに超えた。本書が研究入門叢書『ドイツ史百科』（Enzyklopädie deutscher Geschichte）に採用されたのも、この変化の結果である。というのも、一九八〇年代後半にはじまったこの叢書には、本来、軍隊についての巻が予定されていなかった。それが数年後には状況が変化し、ただちに軍事史に関する三つの巻（中世後期と近世、一九世紀、二〇世紀）を設けることが決定されたのである。

私の入門書が日本語に翻訳されることに対して、私は喜びを禁じ得ない。日本でも近年、軍事史研究が興隆しつつあると聞いている。日本とドイツの間には、研究上多くの似通った状況が存在すると思う。それゆえ本書が日本で翻訳されることに対して、熱い思いを感ずる。

日本語への翻訳に際し、まずもって阪口修平教授に感謝する。阪口氏とは数年来学問的な意見を交換し、交友を結んできたのである。

また訳者の丸畠宏太教授および鈴木直志教授に対しても感謝を申し上げねばならない。二人の翻訳の労に対して、敬意を表したい。

ラルフ・プレーヴェ

序　文

時期区分は、歴史家が歴史を解釈する際の主要な道具である。それは有用であるし、時に不可欠であり、どのような場合でも便利なものである。しかし時期区分がドグマになってしまって、現に存在する事実の脈絡を軽視したり、無視したり、あるいはそれを過度に目的論的に解釈してはならない。本書が取り扱う一九世紀とはいわゆる長い一九世紀であるが、それは一般に一七八九年から一九一四年までをさし、その間共通の特徴が支配的であると想定されている。もとよりそれには十分な根拠と動機がある。しかし私はそのような通説に対して、もう一つ別の長い一九世紀を提起したい。私の時期区分では、それ以前の近世、とりわけ一八世紀との関連を従来以上に重視し、後の時代との関連については、あまり重きをおいていない。というのも、特に軍隊と戦争の分野においては、およそ七年戦争から一八九〇年ころまでを、一つのまとまった時期と考える多くの根拠が存在するのである。

本書のテーマを扱うには、広範囲にわたる知識が必要である。というのも、この叢書〔「ドイツ史百科（Enzyklopädie deutscher Geschichte）」プレーヴェのこの著作はその第七七巻〕に収められている多くの巻はある特定の（そして限定可能な）テーマを対象にしているのに対して、本巻の射程は、軍隊・戦争と、国家や社会や文化など歴史学のほとんどすべての分野との間の多様な相互関係に及んでいるからである。したがってここでは、対外政策と外交、経済、軍需・武器・戦略・戦術、作戦計画と戦闘、社会と日常生活、文化とジェンダーといった分野から、政治、法、憲法に至るまでを視野に入れねばならない。私はそのつど、それぞれの分野との関連や相互作用を解明することに意を用いた。その分、兵学や軍事行動、軍事技術といった側面については、意図的に背景に退けた。個々の戦争はそれぞれに興味深いものであるが、しかし軍隊、国家、社会の総体を解明してくれるのは、むしろ平時における長期的な構造や発展である。それゆえ、個々の戦争や戦闘については、それがその後の歴史的経過に決定的な影響を与える場合にのみ取り上げることにしたい。

本書は、本叢書で予定されている二つの別の巻――私が大変世話になっているベルンハルト・R・クレーナーと私が、一八九〇年以後の時代と、一七六〇年以前の時代に関する同様の経緯を書くことになっている――と合わせて、ドイツ史全体を通観することになる。

私は、三巻にわたる軍事史を、評判が高く成果の多い本叢書に採用することを了解されたロタール・ガル教授に感謝の意を表する。

もとより、本書におけるすべての誤りは私自身の責任である。

私は本書を、私の父と姉妹にささげる。

ラルフ・プレーヴェ

19世紀ドイツの軍隊・国家・社会

目次

凡例

・本書はRalf Pröve, Militär, Staat und Gesellschaft im 19. Jahrhundert, R. Oldenbourg Verlag, München, 2006の全訳である。

・原著には、本文の内容を示す小見出しが欄外に付されており、本文の理解に益するので、本書でもそのスタイルを踏襲して小見出しを欄外に記した。

・原書の第Ⅲ部は文献表であるが、本書では第Ⅲ部とは表記せず、「史料と文献」として巻末においた。

・索引は、原書と同じく人名、地名、事項別に整理したが、読者の便を図って、原書にない事項も付け加えた。

・軍事史用語の多くはまだ定訳がないため、本書で試みた訳語を、原語・訳語対照表として巻末に付け加えた。

・本書の訳出に当たっては、読みやすさを第一義とした。したがってその都度断わってはいないが、随所で原書にはない説明の語句などを補足した。また複雑な文章を分割したり結合しただけではなく、原文にはない（ ）や——を用いて、論の本筋を見失わないように工夫した。

・訳者による註記は、比較的簡単な事項については本文中に割り註〔 〕で、また複雑な事柄については本文で〈 〉を付し、訳註を一括して巻末に載せた。

・原書の文章だけでは十分に理解できない個所については、その都度著者に問い合わせ、訳文に反映させた。また著者の意図するところをはっきりさせるために、著者の同意を得、原文を少し変えた個所もある。なお、その一部は訳注で記した。

・本文中の参考文献を示す［ ］内で、著者名の前の数字は巻末の参考文献の数字に対応している。また文献の後の数字は頁で、頁の後のf.は次ページを意味する。

第Ⅰ部 概観

第一章　序　論

1　総　論

軍隊と戦争を切り離して考察する狭い視点

国家間の戦争や軍事力を伴う紛争、そして巨大な社会集団である軍隊は、依然としてその他の分野との接点を大幅に欠いたまま理解されており、したがってそれらは、社会や経済、国家、文化との相互関係を顧慮することなく考察されている。こうした視野の狭さから生ずる弊害は明らかである。というのも、戦争、暴力、軍隊といった根本的現象は、社会一般の発展や過程との関連なしには適切な位置づけが不可能だからである。他方で、社会や政治などの構造変化もまた、軍事的要因を顧慮しなければ十全に解明できないのではなかろうか。

全体史に不可欠な要素としての軍隊

より仔細に見れば、日常生活や社会構造、経済活動などの諸局面において、両者が不可分の関係にあることはすでに明らかである。たとえば、将校はつねに自分を一般社会のエリートの一部と感じていたし、兵士が軍服をまとう期間は、彼の生活時間、労働時間のほんの一部にすぎなかった。また、この時期から姿を現しはじめた軍需産業の労働者は、軍隊の需要に生活を左右された。新兵の補充と将兵の昇進の実情は、政治や国のあり方と密接に関連し、軍制と国制は相互に影響を及ぼしあう関係にあった。

長い一九世紀は移行の世紀

本書で考察の対象となる、いわゆる長い一九世紀は、研究者の間では「移行期」、あるいは「ドイツ史において、旧帝国の多様な国家群から民主主義的に組織される国民国家へ向かう途上に位置する、もっとも重要な通過点」（W・シュルツェ）と見なされている。またこの世紀は転換の世紀と評され、進歩の時代とも新しき時代とも言われる。一方で産業革命、他方で政治、国制、社会の領域で生じた大変革という二重の革命過程は、まさしくこの時代の象徴である。軍隊はこの二重革命において特別重要な存在であった。というのも、第一にこれらの過程は直接間接に軍事力へと影響を及ぼしたからであり、第二に軍隊の変容が社会全般の変化を象徴的に表したから、いやそれどころか軍隊の改革こそが時代の根本的変化の結晶点となり、出発点をなしたからであり、さらに第三には軍隊そのものが多くの変化の原動力になったからである。

もう一つの一九世紀論

大学における歴史学という専門分野には、歴史の時期区分から講座の編成と名称に及ぶまで、特殊な内部編成があり、それは歴史の捉え方や専攻の組織のあり方にまで影響を及ぼしている。このような状況において一九世紀は、あまりに一方的に近世との繋がりが無視され、あまりにも二〇世紀の出来事に引きつけて解釈されている。それゆえ、多くの歴史家の認識は依然として「はじめにナポレオンありき」(T・ニッパーダイ)のままであって、彼らは一九世紀史の叙述を一八一五年から、場合によっては一七八九年から説き起こし、一九一四年の戦争勃発で筆を擱くのである。このような一九世紀の解釈、すなわち終着点からその前史を辿るという目的論的な解釈モデルを、本書はきっぱりと斥ける。その代わりに、この世紀の過渡期としての性格を従来以上に強調しようと思う。したがって本書では、七年戦争の結果として新しい理念や改革の兆しが現れ、戦争と軍隊が様変わりした一七六〇年代半ばから考察を始める。そもそも七年戦争自体が多くの点で次の時代の戦争を先取りしており、それは戦場が世界規模に及んだこと、決戦や敵軍殲滅の意志が萌芽的ながらも確認されること、また(たとえばロシア人に対するプロイセン人の言動に見られるごとく）敵に対して民族や人種の観念に彩られた差別的誹謗をしたことに見て取れる。

本書の考察期間は、一八七一年のドイツ帝国創建からほどない頃、遅くとも一八九〇年で終わる。この時期は、電力と化学が第二の工業化の波を引き起こした時であり、直近の戦争（クリミア戦争、アメリカ南北戦争、ドイツ＝フランス戦争）を通じて、機械化され工業化されたその後の戦争の性格、総力戦的性格が示された時期であり、さらにはビスマルクの辞任とヴィルヘルム二世の親政開始により、対外政策、植民地政策、そして艦隊建造の領域で新しい原則が立てられた時期である。なかでも国家は大きな変容を遂げた。「一九一四年以前の数十年で、一九世紀の自由主義的国家から二〇世紀の新しい国家が生じた。干渉国家、福祉国家、経済国家、社会国家と呼ばれるような国家がそれである」[Nipperdey, II, 471]。

2　始点と終点
――長い一九世紀の発展の道筋（一七六二～一八九〇年）

一九世紀末期の視点から眺めると、一八世紀末までのヨーロッパにおける軍隊と戦争は限定的で、技芸ともいえる現象であった。遊び心あふれる無数の刺繍を施した、色とりどりの軍服をまとう兵士たちは、ほとんど君公の私物であり、彼らの欲望を人間の形にしたもの――それゆえ時として嘲笑の的にもなった――であり、彼らが熱中して収集した対象でもあった。

社会の一部としての軍隊

一八世紀を通じて軍隊と社会との関わりは増大し続けるとはいえ、大半の人々は軍隊との接点をほとんどもつことがなかった。多くの男性、特に中間層や上層の圧倒的多数の男性は、兵士にならなかった。軍人への関心は皆無に等しかった。たしかに彼らは、街頭や広場、居酒屋や市門といった日常の場につねにいたのだが、彼らはむしろお上《かみ》の警察権力と見なされていたのであった。そのうえ、君主や将軍たちによるイメージアップの努力にもかかわらず、軍役は（貴族が将校になる場合を除いて）必ずしも名誉ある仕事とは見なされなかった。結局のところ、自らの意志に反して兵役を強要される場合は別にして、兵隊稼業は男たちにとって、景気の好不況に左右される家計の苦境を乗り切るために、期間限定で従事する一時的副業のようなものだったのである。

もちろん、戦場の間近に暮らしていた住民は戦禍に喘ぎ、掠奪やその他の不当な干渉にさらされることがあった。しかし圧倒的多数の人々は、せいぜいのところ噂や公式発表の端々から、遠くで起こっている戦争に関するいくらかの情報を仕入れているにすぎなかった。占領、あるいは敗戦後の支配者の交代ですら、住民に特段の影響はなかった。彼らの日常はそれゆえ変わらなかったのである。部隊の行軍や戦闘は、時として年市と似たような特徴を帯びた。人々は家族とともに戦闘から離れた安全な場所へ赴き、戦死者を眺め、硝煙の立ちこめる最中でもその近くの野外で食事をとることができたのである。

鎮められたベローナ

　戦役と会戦は無数に行われたけれども、当時の戦争には箍《たが》がかけられ、節度とルールが存在した。戦争の責任者たちが、戦争に関わらない住民に対してはもとより、敵に対しても、政治的に振る舞うときにはいわゆる鎮められたベローナ（Gezähmte Bellona〔ベローナは戦いの女神〕）のイメージを基準にした。ヨーロッパ内部の戦争では、敵の物理的な殲滅を目指すことはなく、むしろ将軍たちは巧みな用兵術と機敏な行軍とで敵を消耗させ、補給基地から切り離し、退却へ追い込もうとした。つまり、正面戦はとてつもない危険が伴うと評価されていたのである。戦争は主権者たる君主の専断事項として、彼とその側近による政治の延長のなかで遂行されたのであり、それはふつう王朝的利害から発生し、限定的な目的のために臣民の同意などなく行われた。総じて言うなら、この時代において戦争は、存亡をか

多国籍・多宗派の軍隊

けた激烈な戦いとは理解されなかった。むしろそれは、戦術上の要請だけでなく特定の美学的要求をも含む、技芸の形式と見なされていたのである。その上、戦闘ができたのは、一般的に夏の乾いた天候の間だけであった。

軍隊は多国籍で、宗派的にも様々な集団から構成されていた。志願に基づいた募兵は国境を越える性格をもったからである。軍隊社会、すなわち兵士とその家族は、つねに公共の場に身を置いていたにもかかわらず、当時の身分制的社会秩序に対応して独自の身分をなした。軍隊社会には軍事裁判権という特別な司法や特定の規則があり、さらにギルドとツンフトに似たような、仲間内でのみ通用する慣習が存在したからである。

本書の考察期間の末期になると、かつて半官営の貯蔵庫で賄っていた軍需品の調達が軍産複合体によって行われるようになった。軍産複合体は、軍需品の需要激増に対応するだけでなく、新たな技術や発見と相まって、もっとも効率的な兵器システムをめぐる開発競争をも繰り広げた。これにより戦争はじきにまったく相貌を変えることになる。住民の統合力として機能し、なおかつ内部に対しても、外部に対しても排除の論理になったナショナリズムは、民族主義的で、のちには人種主義的な傾向を帯びたため、均質な国民軍のみを承認した。加えてナショナ

戦争や軍隊のイデオロギー化

殲滅戦

国民的名誉

リズムは、一般兵役義務によってすべての青年男子を直接掌握した。その後、広域にわたって兵舎が建設され、柵で囲われた教練場や練兵場が市門の前に設置されるようになると、軍人の姿は街角やかつて宿営していた都市民や農民の部屋から消えてしまう。しかし同時に、兵役義務を通して、戦争や軍隊のイデオロギー化を通じて、軍隊はこれまでよりもはるかに存在感を増し、人々の生活や日常、思考をはるかに強く規定したのである。

　戦争はかつて技芸であり、兵士は戦いの職人を自認していた。しかし戦争観はその後変化を遂げ、国民が有するあらゆる物的・人的資源を全面的に投入し、敵の殲滅を目指すものと理解されるようになった。兵役や従軍は多くの者の職業となり、それ以上に多くの者にとっては国民としての名誉になった。この名誉な役務から免れることはきわめて困難であり、免れようとすれば、社会的にも職業的にも重大な損失を覚悟せねばならなかったのである。

　以下では、この根底的変容の過程を的確に描き出し、多様な背景関係やその結果を明らかにしよう。

第二章　後期啓蒙と初期自由主義
――戦争と軍隊（一七六三～一八五〇年）

1　啓蒙と改革（一七六〇～一八二〇年）

国家と社会の分離

前述の歴史的発展をもたらしたもっとも重要な原因のひとつは、国家と社会の分離である。当初は後期啓蒙の、のちには初期自由主義の周辺で生み出された政治理念は、ある変容をもたらした。はじめのうちこそ、この変容はほとんど目立たなかったけれども、フランスで革命が進行するにつれ、あらゆる人々の日常と環境をたちまちにして変えることになったのである。

一八世紀の中葉以降、啓蒙はしだいに教養人の哲学と生き方とを規定し、やが

後期啓蒙

てそれは社会的、文化的生活のすべての領域を包括することになった。啓蒙によれば、人間は理性の命ずるところに従って生きる存在であり、その意味で様々な強制や（自らに責のある）未成年状態から解放されてしかるべきであった。理性の原則に基づいて現実を整序する能力を身につけよとの要求は、このような理想と結びついていた。行政、司法、行刑や戦争が合理化され、公立学校が設立されたのは、その結果である。

根底的な意識の変容は、社会的・政治的現実に対する批判を徐々に呼び起こすようになった。一七六〇年代にはすでに政治的公共圏が形成され始め、とりわけ一七七〇年代と一七八〇年代には、しだいに国家や社会に関する事柄が議論の対象となり、これを批判する声が現れた。社会秩序、出生身分の原則、社会的不平等、所有物の配分状況、ツンフトやギルドによる特権的な経済体制、そして最後に支配の実際のあり方が、従来に比べてはるかに深い次元で問われたのである。

初期自由主義

啓蒙が根本的な意識変容をもたらし、それによって政治的変化を決定的に準備したとするなら、初期自由主義は、その結果生じた観念や、啓蒙に由来する要求を駆使して、貴族的・封建的官憲国家に対抗した。

初期自由主義者の主目標は、代議制的立憲国家の実現であった。もっぱら理想とされたのは、精神的にも物質的にも他人に依存せず、自己責任で行動できる個人であり、社会の次元では身分を超えた階級なき公民社会であった。憲法が制定されてはじめて、人間は臣民から公民[1]にかわり、君主と国民の意志は結合された。一群の基本権はこれと密接な関係にあり、とりわけ国家の恣意的な介入に対する個人の保護は、これらの基本権によって保証されるべきものであった。司法と行政の分離、責任内閣制を伴った議会主義的統治体系、身分的特権の除去、法治国家、平等な選挙権、出版・結社・集会の自由は、こうして初期自由主義者の要求の中心になったのである。

啓蒙主義者による軍隊批判

軍隊は、この政治過程において決定的に重要であった。第一に、軍隊はすぐさま改革者たちの不興を買うことになった。独自の裁判権をもった軍隊社会の身分的閉鎖性、将校任官にあたっての貴族の優遇、暴力的で不法な付随行為を伴った兵員調達のあり方――これは軍隊の構造に由来している――、残忍な教練と教導の実態といった問題点が、改革者に相当不評だったため、軍隊はたちまち彼らの注視の的になったのである。第二に、軍隊は古い政治体制の牙城であった。軍隊は旧体制の最たる表現であり、真っ先に改革されねばならない対象であった。そして第三に、戦争と軍隊は改革者の抱いた目標を実現するための試金石であった。

なぜなら、武器を取って祖国を守る者が同時に政治参加の権利を得る、との命題が彼らの信条だったからである。

人民武装

祖国愛

　社会＝政治秩序を軍制に直結させるこのような考えは、フランスでは一七六〇年代にとりわけジャン＝ジャック・ルソー（一七一二～一七七八）によって主張された。彼はいわゆる人民武装[2]を兵役の唯一の形式と見なし、共同体に政治参加する市民の当然の義務であるばかりか、名誉でもあるとしたのである。こうした名誉、こうした義務感を、同時代人は祖国愛（Patriotismus）という言葉でも表現した。ドイツでは、七年戦争中にトーマス・アプト（一七三八～一七六六）が「祖国のための死」を特別な名誉であり義務であると述べ、そこから「ただ一つの政治的美徳」を構築した。アプトは、この主張を身分制的社会秩序へのあからさまな批判と結びつけ、基本姿勢としての祖国愛と――さしあたりまだ明言はしないものの――人民武装を求めたのである。

一八〇六年以前の軍隊改革案

　後期啓蒙主義者の思想と批判的意見は、もう少し若い世代、すなわち一八世紀半ば頃に生まれた将校たちの軍隊改革案のなかで、特別な反響を呼んだ。この若い世代の将校は、一七七〇年代後半に覚書や提案を著して軍隊の数多くの欠陥を指摘し、一七八〇年代以降にはその勢いをいっそう強めた。提案の多くは、軍事技術や軍隊行政の些末な問題を論じるだけのものだったが、そのようななかにあっても重要な論点を取り上げた批判はあった。たとえば、仮借ない刑罰を伴う軍事裁判の問題や、手荒な作法や部下の体面を傷つける扱い、業績原理をほとんど考慮しない昇進の実態といった問題がそれである。しかしながら、軍隊という体系に根源的な批判をあえて加えたのはほんの一握りの者にすぎず、これらの多くの新しい刺激や理念も結局のところ、実現したのはごくわずかであった。君主や軍部エリートのなかの現状固執勢力が、あまりに強すぎたのである。また、改革の停滞はその影をますます長くしたにもかかわらず、フリードリヒ大王による一七四〇年から一七六三年までの戦勝の影響はきわめて大きく、その栄光があまりに輝かしかったため、停滞の影は覆い隠されてしまったのである。

横隊戦術

もとより、識者の目から見れば、軍隊内部の諸問題が解決されなくとも、戦略と戦術はかなり以前から変わり始めていたのであった。たしかに七年戦争時には、横隊戦術——いわば「兵隊人形（Puppenwerk）」として機械的に訓練された兵士たちが小隊ごとに梯形に配置され、一列になって一斉射撃する戦術——が、勝敗を決するほどの重要性をいまだにもっていた。しかし、軽装部隊を投入するいわゆる小さな戦争は、ますます頻繁に用いられるようになった。この部隊は緩やか

小さな戦争

に編成された小規模な集団から成り、命令もそれほど多くを必要としなかった。つまり、兵士は個々に戦い、戦闘では地形を巧みに利用して、しばしば自らをカムフラージュして動き、ゲリラ戦を展開したのであり、彼らは上官の命令ではなく自分の意志で射撃し、もっぱら敵を狙い撃ちにしたのである。このような狙撃兵ないし猟兵は、たとえば敵軍の将校をわざわざ狙って撃ち殺したため、ヨーロッパ貴族の作法を破るものとして激しい抗議を何度となく呼び起こした。このいわゆる狙撃兵戦術――志願兵でのみ戦うことのできる、自由度の高い動的な戦術――は、従来の戦闘方法の硬直したルールを打ち破っただけでなく、身分制的な社会観をも少しずつ掘り崩したのであった。

狙撃兵戦術

新しい軍制のイメージに具体的内容を与えたのは、ドイツでも注目を集めた一七七〇年代のアメリカ独立戦争であり、それに引き続いて生じたフランスでの諸事件である。たとえば北アメリカでは、装備こそ劣悪だったものの、士気の高いアメリカ民兵隊がゲリラ戦を展開し、職業兵士から成るイギリス軍に勝利した。市民が自ら武装するという思想は、一七七六年の独立戦争――この戦争ではイギリスの常備軍が激しく非難された――のなかでしっかりと根を下ろした。その後、一七八九年の権利章典（Bill of Rights）は、市民の武装に憲法的性格を与え、民

市民の自己武装

兵が正規軍に勝る地位をもつことをはっきりと強調している[3]。

国民衛兵

軍隊の政治化とその大変容は、一七八九年のフランス革命の結果、最初に打ち出された施策であった。一七九一年憲法では、正規軍と対等の独自組織として、すべての能動市民とその子弟が入隊できる国民衛兵の設置が目論まれた。法的に平等な市民社会を体現し、自由・平等・博愛のスローガンを象徴的に表現するものとして、国土の防衛がすべての男子に課された。一七九三年憲法と国民総動員令（levée en masse）では、すべてのフランス人が兵士であると宣言された。民主主義的国家観の政治＝軍事的原則が、ここにはっきりと表明されたのである。政治的市民が構成する国民と軍務を担う国民とは同一のものと見なされ、市民には、市民としての義務と兵役とが課されることになった。軍隊は以後、もはや為政者の道具ではなくなり、国家の一部になったのである。

ヴァルミーの戦い

ドイツの、とりわけプロイセンの政府は、しだいに窮地に追い込まれた。たちまち判明した事実だが、優勢なはずの対仏同盟軍は、新しいフランスの軍隊にほとんど歯が立たなくなっていたのである。著名な一七九二年のヴァルミーの戦い以降、特にハプスブルクとプロイセンの部隊は退却を重ねた。やがて天才将軍ナポレオンが登場し、ドイツの諸地域を次から次へと支配下に置くと、この対外政治上の圧力はいっそう強まっていった。君主と将軍たちは国内においても守勢にあった。一方で、一七八九年以前から熱烈に変革を叫んでいた声は嵐のように高まり、軍隊・国家・社会の改革を激しく主張した。他方で、農村や都市の秩序維持は、伝統的諸制度ではますます解決できなくなっていた。それゆえ、その責任者の中には公的な秩序を維持しようと、これまで以上に人民武装ないし市民武装に頼る者が現れたのである。刷新を求める圧力がこれほどあったにもかかわらず、君主は旧体制の常備軍に固執し、あらゆる犠牲を払ってでも、人民武装の導入につながりかねないような国家と社会の革命的変革を回避しようとしたのであった。

カントン制度

新兵調達ですら、少なくともプロイセンでは、この後も引き続きいわゆるカントン制度に則って行われた。この制度は一七九二年に再度綿密に規定されたものの、若い男子を身分制的な序列に従って徴集する点に変化はなかったのである。

軍隊再編委員会

プロイセンは一八〇六年にイエナ＝アウエルシュテットでナポレオンと単独で戦い、壊滅的な敗北を喫した。この期に及んでようやく、国王フリードリヒ・ヴィルヘルム三世（一七七〇〜一八四〇）は、渋々ながら改革派を登用した。ティルジット条約締結のわずか二週間後に、軍隊再編委員会が組織された。国王や大臣カール・フォン・シュタインとならんで委員会を構成したのは、ゲルハルト・

ヨーハン・ダーフィト・フォン・シャルンホルスト（一七五五〜一八一三）、アウグスト・ナイトハルト・フォン・グナイゼナウ（一七六〇〜一八三一）、ルートヴィヒ・レオポルト・ヘルマン・ゴットリープ・フォン・ボイエン（一七七一〜一八四八）、カール・ヴィルヘルム・ゲオルク・グロルマン（一七七七〜一八四三）といった将校たちであった。この時始まった軍制改革は、その後の基礎となる抜本的なものであった。いわゆる外国人の徴募制度の廃止、不名誉で野蛮な体罰の廃止、将校任官時の貴族特権の除去、士官候補生の学問的養成を目指した新しい軍事学校の設立、新しい戦争像に対応した軍隊の編成（すべての兵科から成る混成旅団編成）、新しい基本戦術（狙撃兵戦術、縦隊戦術）の受容、伝統的な横隊戦術とそれらの新戦術との調和的な融合、定期的大演習と冬期演習の開催、軍隊行政の再編、軍隊の統率機関であり中央行政機関をなす陸軍省の設立がその内容である。

軍制改革

市民武装

市民武装についても議論され、一部では民兵が設置された。シャルンホルストは一八〇七年七月三一日に国民民兵構想を具申した。それによれば、このような民兵は「国土の平穏を保って警察を援助し、落伍兵の掠奪から国土を守るために、また敵の偵察を妨害するために」警察業務を請け負い、それとともに軍の負担を軽減する任務を負うものとされた。警察補助隊の設置は、パリ条約の諸規定ではっきり認められていたのだが、国王は一八一三年以前の時点では「国民衛兵」の全国的な導入を決定しなかった。しかし彼は、都市で個々の民兵隊が結成されると、政治的計算から象徴行為や公的な賞賛によってそれを促したのである。この民兵構想の脇を固めたのが、自立的な武装組織を市民に承認する新しい都市条例であった。

軍隊と社会の間の断層の克服

軍制改革の最高にして本来の目的は、国家と人民の間、軍隊と社会の間に厳然と存在した隔絶や、深刻な断層を埋めることであった。この隔絶、つまり軍隊を特殊な社会集団であり職業集団とする身分制的なあり方が、改革指導者たちの目には、軍事的敗北の主原因と映ったのである。それゆえ、軍隊の評価を高めて、広範な住民層（基本的にはすべての成年男子）を取り込むことが目論まれた。シャルンホルストは一八〇七年八月三一日の予備軍制暫定構想のなかで、「国家のすべての住人は、生まれながらにしてその防衛者である」と述べ、従来の兵役免除規定の全廃、とりわけ兵役代理人制度の撤廃を訴えた。

一般兵役義務と市民民兵

一般兵役義務の導入と市民民兵の創設は、そのためのもっとも重要な手段であった。改革者たちはこうして、後期啓蒙主義者と初期自由主義者の掲げた要求を実施に移したわけだが、それはたちまち軍隊と国家のなかの保守派の怒りを買うことになった。

外圧がもたらした軍制改革

もとよりもう少し仔細に見ると、改革には数多くの亀裂と矛盾がある。第一に、軍制改革――プロイセン改革全体がそうなのだが――は、外圧があってはじめて実現した。やがてすぐに明らかになるのだが、個々の改革の多くはナポレオンに勝利した後に撤回されてしまった。しかしながら当面、プロイセンは壊滅的な敗北を乗り越え、フランスの占領に耐え、ナポレオン配下の一員という屈辱的パートナーの役割をこなした。しかも、フランスの指示に従って多くの変更をせねばならず、それ以外の行動は再び水面下で試みざるをえない状況であった。たとえば一般兵役義務は、当初実現できなかったのである。第二に、初期自由主義者と軍制改革者の連帯は、最初のごく一時期だけのことであった。というのも、初期

異なる自由概念

自由主義者がフランス革命の共和主義的な自由概念――政治参加を基礎にした自由概念――に基づく見解を表明したのに対して、軍制改革者たちのそれは、完全な政治的自由ではなく、内面や倫理面での解放、道徳教育や精神教育を目指すドイツ観念論の自由概念に即していたからである。シャルンホルストやグナイゼナウの目標は、フランス流の成熟した公民の実現にではなく、祖国愛にあふれた志願兵の大量動員による軍事的効率の増大に置かれていたのである。

プロイセンに動きが生じたのは、一八一二年にロシアとタウロッゲン協定が結

ばれ、対ナポレオン戦争が公然と再開された時であった。国王フリードリヒ・ヴィルヘルム三世は、憲法の制定を幾度も約束し、また「国民に告ぐ」と題した声明を出して、人々の祖国愛の感情を巧みに刺激した。ことに一八一三年には国土民兵隊（Landsturm）と国土防衛軍[4]（Landwehr）が創設され、長く望まれていた市民武装が地方レベルで実現した。

国土防衛軍

国土防衛軍は予備役兵問題の解決策であった。農業や手工業に必要な労働力を確保し、なおかつ兵員の需要を満たすためには、なんらかの調節が必要とされたが、一八世紀の軍隊では様々な賜暇制度を設けてこれに対処していた。しかしながら、改革者によって創設された国土防衛軍は、正規軍つまり常備軍の単なる予備役兵ではなく、それをはるかに上回る存在であった。戦時には正規軍と国土防衛軍との共同進軍が計画されたが、他方、平時の国土防衛軍は大幅に独立した組織のままであり、訓練も自分たちで行うとされた。国土防衛軍の将校は、退役将

国土民兵隊

校と富裕なクライス〔農村地方行政区〕居住者で構成された。侵略者に対する最終召集であった国土民兵隊は、個々の市民部隊ならびに地方部隊から人員を調達することになっていた。

外国支配からの解放戦争

一八一三年からの解放戦争が、公式には「自由独立のための戦争（Freiheitskrieg）」

ではなく「外国支配脱却のための戦争（Befreiungskrieg）」と呼ばれたことは、その中心になった者たちの政治信条をたしかにはっきりと表したが、そうした微妙な態度表明が人々に知られることはほとんどなかった。はたせるかな、ナポレオン戦争に勝利した後の幻滅は大きかった。憲法が制定されなかったばかりか、国王と政府の意図からあまりに離れ過ぎた改革への揺り戻しが、意図的に開始されたのである。

一八一四年のプロイセン国防法

一八一四年のプロイセン国防法は、きわめて重要な意味をもった。「軍隊」は、常備軍、国土防衛軍第一召集、国土防衛軍第二召集、国土民兵隊の四つから編成された。「全国民の基幹教育学校」である常備軍は、志願兵と二〇歳から二五歳までの「若い徴集兵の一部」とから成り、三年間の現役勤務の後、二年間の予備役があった。ただし、とりわけ財力のある「教養身分」の者は、一年の勤務だけでよいとされた。国土防衛軍第一召集は、常備軍に入営していない二〇〜二五歳のすべての者、ならびに二六〜三二歳の者から構成された。この部隊は戦時に常備軍を支援せねばならなかったが、平時にはただ若干の訓練だけが課せられた。国土防衛軍第二召集を構成するのは、職業軍（＝常備軍）にも第一召集にも属さなかったすべての者と、三二歳から三九歳までの者であった。一七歳から二〇歳

国防法の反響

までの「青年」は自発的に定期訓練に参加することができた。国土民兵隊は、戦時に特別の命令が下った時にのみ召集されることになっていた。基本的には、平時にこの部隊が公共の秩序維持のために投入されることもありえたが、そのためには特別な指令があらかじめ必要とされた。国土民兵隊は、大都市では市民中隊に、小都市や農村では地方中隊に細分されており、他のどの種類の部隊にも所属していない五〇歳までの男性で構成された。

このいわゆる国防法は、当初多くの改革者からも絶賛された。ことに、他のドイツ諸邦国が——軍制改革の意志をもっていたとしても——自国の軍制を新しい政治的、軍事的状況に適応させることにはきわめて慎重だったから、なおさらであった。つまり、多くの国々はその後も引き続き、評判の悪い徴集制度[5]（Konskriptionssytem）ないしは徴募制度（Aushebungssystem）に依拠したのであり、村や都市は、その時々に定められた数の若者を籤《くじ》引きで選び出し、兵士として供出せねばならなかったのである。国土防衛軍や国土民兵隊といった、人民武装の精神に由来する軍事組織は、創設されなかったか、創設されてもナポレオン戦争勝利の直後に再び解体された。国防法と、とりわけ貴族特権の廃止、さらにまたすべての公民による兵役負担は、改革の指針をなすものとして多くの人々の支持を得た。それにもかかわらず、保守派と自由主義者はそれぞれまったく異なる動機から、無条件にすべての男子に兵役を課すことに不快感を示した。とりわけ自由主義者は強制ではなく志願による兵役を望んだので、一般兵役義務の原則を肯定はしたものの、その実施には同意しなかった。

もう一つの重大問題は、人民武装ないし市民武装が事実上廃止されたことであった。国土防衛軍と国土民兵隊はたしかに法制化されたが、このことは実は、一八〇六年から一八一三年までの間の期待や規定とは裏腹に、紛れもない後退を意味した。結局、常備軍は不可侵のままであり、国土防衛軍と国土民兵隊の地位は、厳格に職業軍の次段階あるいは下位とされた。しかも、国土防衛軍はその後さらに人員削減され、権利も制限された。国土民兵隊はすぐさま休止を宣言された。一八二〇年までには、最後の軍制改革者たちが辞職したり、退陣に追い込まれたりして姿を消していった。防衛的近代化の時代、すなわち、人々に改革はもたらせども政治参加や憲法をもたらさなかった時代は、ここに終焉を迎えたのである。

改革の後退

2　三月前期と革命（一八二〇～一八五〇年）

ドイツ連邦の軍制

四一〈6〉の構成諸国からなるドイツ連邦の軍制は、ドイツ連邦規約と、一八二〇年のヴィーン最終規約にある若干の大枠規定に基づいていた。連邦構成諸国は同盟締結権を保持したとはいえ、連邦と他の邦国に敵対する同盟を締結することは許されなかった。邦国間の争いは武力によってではなく、仲裁裁定を通じて解決する、ということである。連邦戦争が宣言された後には、邦国が勝手に敵国と交渉することは禁じられた。

連邦戦争と連邦の介入

紛争解決に際して重要な役割を果たしたのは、連邦の介入（Bundesintervention）と強制執行規則（Exekutionsordnung）である。邦国で騒乱や暴動が生じたときには、その国はつねに連邦軍の支援を要請でき、また連邦決議が下された場合には、邦国は他の邦国に対して、連邦軍の力で自己の正当な要求を貫くことができた。連邦議会はさらに、ある邦国政府がたとえば統治不能に陥ったり、連邦の承認しない政府になったり、連邦に敵対する行動をとったときには、その政府の意向を顧みずに連邦軍を投入して干渉し、旧政府を復興させることができた。そのような場合には連邦監察官（Bundeskommissar）が任命され、連邦の代理として執行措置を講じたのである。

連邦軍の分担兵

ドイツ連邦の軍制は専守防衛であり、防衛戦争だけが許された。攻撃を受けたときには連邦議会は戦争状態を宣言した。連邦は独自の軍隊をもたなかったので、構成国が供出する分担兵に依存せざるをえない状態にあった。そこで邦国の住民数に応じて兵籍簿が作成され、分担の兵数と配分はこれによって決められた。一八四二年の時点では、オーストリアとプロイセンがそれぞれ約九万五〇〇〇人(連邦軍の三一・四%)と約八万人(二六・三%)で、その主力をなした。他方、メクレンブルク＝シュトレーリッツが七一八人(〇・二%)、フランクフルト・アム・マインが六九三人(〇・一%)、リヒテンシュタインが五五人といったように、小規模な邦国もまた、ごく少数とはいえ分担兵供出の義務を負った。戦時にのみ召集されたこのドイツ連邦軍は、十個軍団で編成された。そのうち七個は非混成軍団で、三個は混成軍団、すなわち多くの邦国からの寄せ集め軍団であった。さらに西部国境には、連邦の管理する連邦要塞(Bundesfestung)がいくつかあった。プロイセンとオーストリアは連邦の国境を越えた地域にも領土を持ったため、連邦がなくともヨーロッパ列強として対外政策を遂行するだけの、例外的な邦国であった。この点もまた付け加えておかねばなるまい。

邦国は分担兵を準備し、決められた兵科の部隊を配置し、定められた規準に従って部隊を指揮した。これらを満たす限りでは、各邦国の軍制は独立しており、結果として新兵補充、編成、装備、教練は国ごとにその規定が異なることになった。

前工業化時代の武器装備の水準

一九世紀半ばに至るまで、武器装備は工業化前の様相を呈していた。オーストリアとプロイセンだけは、統一した口径の銃器を大量生産しはじめていた。射撃速度の速いプロイセンの後装銃が優れていることはたちまち明らかとなった。中小の邦国では、すでに一八世紀後半に導入されていた銃がそのまま使われており、それらは口径がまちまちで、モデルもまったく異なっていた。金銭が支出されたのは、その場しのぎの修繕や修理のときだけであった。

徴集制度による新兵補充

新兵の調達と補充は、総じて言えばどこも大同小異であった。特定の者に兵役を免除し、かつ兵役代行を認める徴集制度が、ヨーロッパ標準の新兵補充法であった。一八世紀に実施されていないように、貴族、官吏、学者、工場主、彼らの子弟といった、経済的に有用で社会的声望のある人々には便宜が図られた。彼らは兵役から完全に免除されるか、代理人制度の条件が今一度大幅に緩和されたのである。

代理人制度

急増した人口は、軍隊で必要とする人員をはるかに凌駕したため、徴集兵は兵役対象者の中から籤引きで決められた。この籤引きで徴集兵になった者は、自己負

代人

担で兵役代理人を立てることができた。自己負担といえども全体の約四分の一がこの制度を利用した。請負人を紹介する市場はたちまち活況になり、代人（Einsteher）と呼ばれる兵役代理人に対して保険のかたちで費用を肩代わりする保険業務も発達した。この保険会社から、勤務の開始時には手付け金が支払われ、兵役終了時にもっと多額の金銭が払い込まれるという仕組みであった。代理人制度は決して新しいものではない。なぜなら、一八世紀でも同様に、徴集者ならびにその他の方法で兵役に就いた者には、自己負担で代理人を立てることが認められていたからである。一九世紀半ば以降、工業化と経済成長が飛躍的に進み、代理人のなり手がますます少なくなった時に、その割合ははじめて激減した。兵役の経済的魅力が薄れるとともに、軍備が拡張され、若い男子がますます徴集されるようになったのがその原因である。

すでに述べたように、プロイセンは、代理人制度を認めない一般兵役義務を採用していた。しかしながら、人口の急増にもかかわらず、徴集される者の数は実際には減少の一途をたどったため、一九世紀半ばまで徴集兵の数は、兵役対象者のせいぜい半分程度にとどまった。その上、一年志願兵制度が代理人制度の代わりのような役割を果たしていた。ここで問題になった集団は「教養身分出身の子

一年志願兵制度

弟」である。この言葉がますます拡大解釈された結果、最終的に広範囲に及ぶ集団が三年間の兵役を免除されたのであった。ギムナジウムの生徒、のちには実科学校や上級市民学校の生徒たち（ただし彼らには相応の証明書が必要であった）、芸術家や学生といった集団がそれである。彼らには三年間の兵役に代わって勤務期間が一年に縮小され、予備役将校になるための職業教育を受ける道が開かれた。

再役兵

一定数の兵力を維持するために、また特に、中核をなす十分に訓練された兵士を確保できるように、軍指導部は、兵役義務の期間を越えて勤務する志願兵を求めた。中隊では一般兵卒全体の約四分の一が、このいわゆる再役兵（Kapitulanten）によって構成されたのであるが、これにより兵役義務者の割合はさらに減少することになった。

守勢の軍隊

全体として認められるのは、一九世紀前半の軍隊がかなり守勢にあったことである。改革者や自由主義者は軍隊に対して言論の攻撃を浴びせ、代案となる防衛体制を議論したわけだが、軍隊を守勢にした理由はこのことだけにとどまらない。全般的な経済危機や、とりわけ戦争による相当額の負債と、恩給生活者や傷病者への支払い義務——これによりドイツ諸国の軍事予算は大幅に縮減された——もまたその原因であった。さらに、爆発的な人口増大が始まったため、軍隊は数の

総人口に占める軍隊の割合低下

上でも重要性を失った。たとえば総人口に占める現役軍人の割合は、一八世紀に対して明らかに低下した。一七八六年のプロイセンでは、その割合が三・五％（人口五七〇万人のうち軍人は一九万四〇〇〇人）だったのに対し、一八四〇年には〇・九％とおよそ四分の一に減っている（人口一四九〇万人のうち軍人は一三万五〇〇〇人）。したがって一九世紀前半に関しては、軍隊が住民全体に一様に介入したということはできない。ことにプロイセンは、少なくとも法的にはもっともそれができた国であったが、そのプロイセンですら住民掌握の実現には限界がはっきりとあったのだから、なおさらである。とはいえ、他方では、一八世紀と比較するとますます多くの若者たち、とりわけ社会的上層に属する若者たちが、軍隊の世界といっそう密接に関わるようになったことも、忘れてはならない。

すでに一八世紀後半に唱えられ、しだいに結晶化していった人民武装の概念は、いまや枢要をなした。遅くともナポレオン時代の経験により誰の目にも明らかになったのは、まずもって社会と国家の関係を定義し、それを新たな基礎の上に築かねばならないということであった。この議論は、とりわけ支配の正統性と議会統制の問題を含むものであった。二十年に及ぶ戦争を経てまさに、軍制の問題はこの議論の焦点となった。軍隊のこれまでの役割は、旧体制の権力者のほとんど私的な道具であったが、今やそれに代わり、軍事力は公的な機関に変貌するとともに、国家と社会が織りなす力の平行四辺形のなかで決定的な権力要因となった。その結果、人民武装の概念は、あらゆるものを包括する記号になったのである。しかもこの記号の意味は、改革期と三月前期を通して激しく揺れ動いたのであった。一方ではヨーロッパやドイツ連邦の政治的概況が、他方では急激に進行する国内政治の発展や社会経済的な発展が、概念の意味を条件づける基本要因になった。具体的には、たとえば一八三〇年代以降のいわゆる「社会問題」、一八四〇年代の経済危機と飢饉、一八一五年以後の自由主義勢力の形成、一八三〇～一八三三年ならびに一八四八・四九年の革命的諸事件、一八〇六年から一八一四年までのナポレオン支配で味わった苦難の結果としての改革論議、一八一五年以後の復古勢力の台頭がそれである。この嵐のような二重革命の進展と、将来の政治秩序と社会秩序をめぐる未解決の問題――この問題は、最終的には市民的で自由な立憲国家か、専制的な官憲国家かの二者択一に行き着く――が、人民武装概念に新たな変化や意味内容を絶えず与えたのである。

国家と社会の接点にある軍隊

人民武装の様々なかたち

人民武装の概念は、ごく初期には漠然とした内容しかもっていなかったため、保守派や軍上層部によっても使われた。ただし、その際に念頭に置かれたのは、言うまでもなく軍隊が社会に最大限干渉することだけであった。人民武装の具体化に際しては、一方では兵員調達が、他方では社会の独立した軍事組織が問題の焦点であることが、ただちに明らかになった。すでに改革期においてそうであったように、このときもまた異なる利害集団の同盟や連帯が見られたが、ある特定の問題に直面したときにその関係はまたたく間に解消されてしまった。しかも問題はきわめて根本的で、政治的立場がまだそれほどはっきりと分かれていなかったため、当初のうちは政府の措置においても公論の場でも、人民武装に関して様々な試みや実験がなされた。その行き着いた先は、数多くの誤解と概念の混乱であった。言葉や概念、たとえばフライハイト（Freiheit：自由）やフォルク（Volk：国民、人民、民衆）といった概念は、ごく短期間のうちに変容し、新しい意味を発生させたため、誤解や概念の混乱が生じ、それらがさらに余計な混沌を惹き起こしたのである。最終的には、政治的立場と社会経済的な立場との間に差異が生じることになった。たとえば、有産市民層や教養市民層の多くは、一八世紀の伝統から自分の子弟をできるだけ軍隊から遠ざけようとしたが、その一方で彼らの多くは、政治的動機から一般兵役義務を支持したのであった。

常備軍の代替防衛組織を模索した実験段階

諸党派の基本姿勢

以下では、三月前期におけるいくつかの基本的な政治的立場と、それらによる

自由主義派

具体的な諸要求について述べよう。初期自由主義の立場は、はじめはカール・テオドール・ヴェルカー（一七九〇～一八六九）や、とりわけカール・フォン・ロテック（一七七五～一八四〇）といった国法学者が、そのもっとも重要な代表者であった。一八一五年の著作『常備軍と国民民兵』のなかでロテックは、周知の反常備軍論を展開し、対外政治、経済、国内政治の各ファクターにおいて、常備軍はつねに戦争をあおり、莫大な維持費がかかり、市民的自由を脅かしかねない存在であると論じた。ロテックは常備軍のみならず、あらゆる形式の一般兵役義務をも拒絶した。兵役義務というかたちでの軍隊による干渉は、結果として社会の軍事化をもたらしかねなかったからである。徴集制度と強制の代わりに彼が要求したのは志願の原則であり、兵役義務は祖国防衛時にのみ発生するということであった。彼によれば、決定的な役割を与えられたのは憲法であった。世論、議会、政府が「国民戦争」を宣言した時点で兵役は「名誉ある義務」となり、それゆえ志願する「闘士」には事欠かないであろうと彼は説いたのである。ロテックは、すべての市民が同時に「国民軍の一員」であるような、ある種の国民的軍制の創設を提案した。軍隊の召集、出兵、勤務期間を定めるのは「国民の代表」であり、将校は自由に選抜され、市町村当局によって任命されることになっていた。

自由主義者のなかには、常備軍の全廃までは望まず、その縮減の埋め合わせとして国土防衛軍や国土民兵隊をより重視する者がいた。その他にも、兵力数の単なる変更や、徴集者の割合の縮小などが要望され、軍隊内部の業績評価を市民的規準に従って行うこと、特に貴族以外の者に対しても昇進の機会を増やすことが強く求められた。もとより、とりわけ一八三〇年と一八四八年の革命によって自由主義からの要求はいっそう明白なかたちをとり、過激になった。これ以後、議会統制や兵士の憲法宣誓を通じて軍隊を厳しく束縛し、これに箍《たが》をかけようとする要求が相当強くなった一方で、市民による独自の防衛組織がしだいに重視されるようになった。このことは二極の先鋭化を、すなわち、君主の権力である常備軍を一方の極とし、その反対者や市民社会の軍事力である様々な形式の人民武装ないし市民武装をもう一つの極とする、二極の先鋭化をもたらしたのであった。

急進派

一八三〇年以後にはじめて登場し、とりわけ一八四八・四九年の革命時に形を整えた急進派は、共和主義的政治体制を基本に掲げただけでなく、所有関係にも大幅に介入する立場をとった。これによれば常備軍は全廃され、その代わりに労働者、日雇い、職人といった第四身分が武装されることになっていた。

軍人著述家と将校は当初、自由主義者の攻撃にたじろいだ。彼らの属する軍隊

保守派

という世界が、つい最近までそうした批判と関係のない存在だったからである。保守派は特殊な身分としての常備軍に固執するとともに、たとえば宣誓によって憲法と兵士とを結びつける試みや、君主以外の他の何者かと軍隊を結びつける試みを、にべもなくすべて拒否した。彼らは「傭兵（Söldner）」という侮蔑的呼称と闘いつつ、名誉心と祖国愛にあふれた兵士、特別な忠誠心を通じて君主と直結した兵士というイメージをこれに対置した。さらに、常備軍兵士が戦争に必要な特別な技能を長年にわたって習得していることを今一度強調したり、訓練された兵士のイメージからはほど遠い、市民衛兵のアマチュア的風采をあざ笑ったりした。市民の将校は、保守派には「堪えがたい」代物と思われた。そのような将校には「地位相応の威厳」がなかったからである。人民武装の敵対者は、自由主義者のはじいた計算に真っ向から異を唱え、常備軍は実際には安上がりであり、逆に市民の治安維持組織の方がこれまで考えられなかったほどの支出を必要とする、と主張した。奇妙なことに、ここでもまた注目に値する利害同盟が最初の数年間に出現する。自由主義者と軍制改革者が当初、多くの点で利害を共有したこと——一方のグループにとっては軍事的効率の増大が、もう一方にとっては業績原理と人道的な刑罰の導入が重要であった——はすでに述べたとおりだが、まさし

一時的な利害同盟

くこれと同様に、一般兵役義務を拒絶するにあたって、保守派軍人と自由主義者の利害が一致したのである。改革を総じてことごとく拒絶した前者は、一般兵役義務の導入による軍隊の民主化という悲惨な光景を描き、後者は社会の軍事化を恐れたからであった。

市民軍と市民衛兵

三月前期において、軍制をめぐる議論は、新兵補充の実践や部隊の内部編成といった問題から、人民武装の組成の問題へと移っていった。世紀初頭や改革期にはまだ、国土防衛軍や国土民兵隊といった、正規軍に後見される補助軍的な部隊を議論するだけで十分だったが、この時期には市民防衛隊（Bürgerwehr）ないし市民衛兵（Bürgergarde）が要求されるようになった。正規軍から完全に自立し、主に都市において独自の武装組織として活動する、市民防衛隊の要請である。社会問題や経済問題の深刻化とそれに伴う国内の治安悪化、具体的には有産市民の所有物に対する下層民の狼藉や暴力沙汰、騒乱に対処するために、この市民的治安組織はますます、二つの相容れない課題を担うようになった。すなわちそれは、一方では君主の常備軍に対抗する市民社会の軍隊として、自由主義的理念から見たときには憲法の警護隊として、機能しなければならなかった。他方でそれは市民の財産を守らねばならず、したがって警察補助隊として社会革命を予防する役

要求の急進化

相反する課題

割をも負った。市民防衛隊をめぐるこうした議論の焦点になったのは、とりわけ次の三つの中心問題であった。第一の問題は、市民的治安組織の任務の範囲についてであり、それゆえ狭い意味では「警察補助隊」対「憲法警護隊」の二項対立の問題であった。第二の問題は、この武装組織を構成する社会層をどこまで認めるかということであり、第三のそれは、この組織がどの程度まで官憲と接点をもつべきかという問題であった。

一八三〇年代のクールヘッセンの諸事件から明らかなように、市民防衛隊の負った二重の任務は絶えず摩擦を引き起こしたのであって、一八四八年にはそれがついに極限にまで達した。市民的治安組織がまず何よりも警察補助隊として理解されると、すなわち市民が自らの主要任務を治安の維持と認識すると、この組織が政治的概況の変化次第で、反動の道具になる恐れがあった。しかし、市民的治安組織の兵士が憲法警備の機能に固執すると、今度は革命家であるとか、破壊活動分子といったレッテルを貼られる危険があった。いずれにしても、保守派が関心をもった市民防衛隊とはもっぱら警察補助隊的なものであり、革命の盾となる組織であった。なぜなら、彼らにとって市民防衛隊は、当初のうちは正規軍よりも融通の利く暴動鎮圧の道具に映ったからである。しかしながら、市民防衛隊にデモや抵抗運動を鎮圧する能力もなければ、その気もないことが保守派の目に明らかになると、彼らは――保守反動の勝利に並行して――市民防衛隊に関係するあらゆる組織の解体を訴えるようになった。

より難しい立場に立たされたのは自由主義者である。遅くとも一八三〇年以降には、有産市民は、自分たち自身が批難の対象になっており、財産が脅かされたときには、そうした市民的治安組織がいかに有用であるかが分かるようになっていた。だからこそ、彼らは一八四八年の春に秩序の維持を公然と表明して、君主や旧体制の信奉者を自陣へ引き込もうとしたのである。とはいえ、他方ではこの組織を警察機構の永続的な下部機関に貶めたくない、という意向もまた存在した。なかでも急進的なジャーナリストは、そのようなことをすれば、市民活動に対する容認しがたい制限になると弾劾した。最後に、社会主義者と初期共産主義者は、市民防衛隊の治安維持機関的性格を全否定し、完全な主権と政治的権限を委託するよう要求した。

市民軍構成員の範囲

人民武装の論議のなかで明らかになった第二の根本問題は、市民防衛隊を構成するのにふさわしい社会層の範囲の問題である。一八四八年初頭にこの範囲は大幅に拡大されたけれども、問題の背後にはこれまた社会観の相違が隠れていた。

保守派が望んだのは「良質の部分」、すなわち政治的見解では一枚岩の、有産市民と官僚市民だけによって代表される市民防衛隊であった。どのような形であっても「卑しい下層民」の参入は断固拒否された。保守派のこうした考え方は、かなりの程度、法的に不平等な身分制的社会モデルに固執したものであったが、それだけでなく、国家と住民が君臣関係――住民の政治参加をできるだけ排除するか、少なくとも相当制限する関係――にあることを宣伝するものでもあった。

この問題に対する自由主義者の態度は統一性を欠いた。抽象的な政治信念と、自分がさらされている具体的な恐怖との間を揺れ動いたためである。すべての男子の無制限な入隊は、自由主義者に社会革命の恐怖を与えたが、もとより彼らは、ある特定の身分や具体的な社会集団を一括して排除しようとしたわけではない。彼らはむしろ様々な入隊基準を設けたのであった。それは、法的なハードル（市民権）に始まり、経済上の要件（経済的独立）、一定の財産基準（不動産所有、あるいは十分な収入や財産）、道徳的側面（政治的成熟度）、警察による評価（扇動家といったものや、単に決められた生活態度を守るだけというもの、あるいは必要最低限の衣服と装備を備えるといった基準に至るまで、様々であった。

後期啓蒙の時代以来、一般大衆は教養がないと誤解され、道徳教育もほとんどないと見なされてきた。そのために、あるいは単に経済的に自立していないという理由で、彼らにはさしあたり政治参加の権利が認められてこなかった。しかし、たとえそうだったとしても、これらの見解は詰まるところ市民社会という理想像に基づき、政治的公民モデルに立脚していたので、ぼやけた基準ではあったものの、きわめて意識的に、職人、日雇い、工場労働者といった人々が少しずつこの議論の射程のなかに入れられていった。

官憲による統制

第三にして最後の争点は、市民防衛隊は広い意味での官憲と行政上・組織上、どの程度の接点をもつかという問題であった。保守派は市町村当局ばかりか、正規軍の機関との密接な結びつきすら望んだ。彼らは、それによって市民防衛隊を受動的存在にし、官憲の特別な要請があったときにのみ召集が許される組織にしようと目論んだのである。したがって、市民が自ら非常呼集をかけたり召集の権限を独自に握ったりして、自分たちの判断で市民防衛隊を配備することを、保守派は認めなかった。反動的な論者はそれどころか、文民官庁には「軍人気質」がまったく欠けているという理由で、それとの関わりすら完全に拒もうとした。自由主義者は、そうした制限をいっさい斥け、自分たち自身で配備の計画ができる市民的治安組織の独立した地位に固執した。このいわゆる要請問題（Requisitionsfrage）は、たとえばクールヘッセンやザクセンではすでに一八三〇年代に物議を醸したのだが、これと並んで上官選挙の問題も激しい議論の対象になった。指導者を自分たちの手で補充することは、市民防衛隊の有する特殊な公民的性格の基本でもあったから、自由主義者と急進派は、市民衛兵による将校・下士官の自由な選挙を不可欠の前提と見なしたのである。反動派の代表者たちは、原則的にはこれを斥けないのが通例だったものの、官憲が指揮官の任命を左右できるような、いくつかの安全柵を設けようとした。極右と軍部は、部下による指揮官の選挙を断固として拒絶した。

一八四八年のデンマークとの戦争により、人民武装の問題は、特別かつ独特のかたちで先鋭化した。現役、退役双方の軍人はとりわけ、市民兵組織の戦略的側面を取り上げて、――市民防衛隊がもつ自由主義的・政治的意味合いや、それが国内政治の上で果たす任務については意識的に触れずに――常備軍を支え、広範かつ厳格に組織された予備軍という軍隊の理想像を描いた。今後の軍制に関してはいくつかの提案が現れ、技術上、組織上の必要な議論とは別に、最終的には健全な国家財政をも念頭に置きながら、その都度達成可能な兵力の上限がどのくらいかが試算された。

一八四八・四九年の革命

未解決の政治問題や社会経済の問題は、一八四八・四九年の革命で深刻化の頂点に達した。今後の軍制に関する二つの見解の対立もまた、この革命においていっそう先鋭化した。人民武装の導入はいわゆる三月要求の第一にして中心的な案件であった。識者の多くはもっと大規模な暴動を期待していたが、それでも革命運動の団結ぶりやその激しさは各国政府を驚かすのに十分であった。この広範な運動の背景にあったのは、政治参加を要求し、現状に不満な有産市民と、社会改革を切望する下層民との連帯であった。各国政府は後ずさりして人民武装の実施を命じただけでなく、自由選挙を認めた憲法をも発布した。もとより、このとき召集された市民防衛隊は、これまでよりはるかに急進的な性格のものであった。市民層が支配的であったとはいえ、下層民ですら編入され、武装したからである。革命がさらに進行するなか、とりわけ大都市では、日雇い労働者だけから成る部隊や、官憲の承認のない無認可の市民的治安組織や民衆防衛隊が現れた。たとえばベルリンでは、これらの部隊が武器庫を急襲して武装できたのである。一八四八年秋に反動派が勝利しはじめると、議会と市民防衛隊は解体され、すべての市民の武装が解除され、政治的譲歩の多くも撤回された。

自由主義運動と民主主義運動からの挑戦を受けた正規軍は、当初守勢にあった。

四八年春の時点では、街頭でのバリケード戦、正規軍兵士が不慣れな市街戦が行われ、さらには内乱の様相も呈していて、この状態では明らかに、重火器を使えず、幅広い戦列を組んで攻撃もできない兵士を出撃させることはできなかった。出撃させたとしても、かなりの政治的損失は必至であった。その上、個々の市場騒乱や暴動を鎮圧しようと、市町村や地域に軍隊を出動させても、実際にはうまくいかないことがたちまち判明した。平穏と秩序はたしかに即座に回復するのだが、軍の指導部はいつも空をつかむ状態で、抵抗する敵は姿をくらましていた。兵士が撤収すると、また次の騒乱がはじまるのである。おまけに、軍隊の行進は人々を萎縮させるどころか、しばしば激しい怒りを呼び起こした。いずれにせよ軍の指導部は、旧エリート層ともどもジレンマに陥った。三月に経験した権力喪失のショック、人々の要求がいっそう激化してさらに地位を奪われかねないというショック、いずれのショックも非常に深刻であった。同時に軍隊は、政治革命や社会革命から体制を守る最後の牙城であった。それゆえ、革命の火花が軍へ飛び火するのを防ぐことが最優先課題になり、このことはまた用兵の仕方にも影響を及ぼした。つまり、小部隊ではつねに敗北や解体、そして兵士の寝返りの危険があったため、いつも比較的大きな単位でのみ軍隊が投入されたのである。他方で、兵士たちは可能な限り兵舎住まいにさせて、革命勢力から遠ざけた。この方法はかなりの程度成功し、兵士の脱走はごくわずかにとどまった。

革命運動が多岐に及ぶ様々な政治目標を追い求めたことにより、一八四八年夏には抵抗勢力の優勢は崩れた。反動派は反撃に転じ、一八四八年秋と一八四九年には軍隊が広範な前線に投入された。職業兵士はとりわけ野戦ではめっぽう強いこと、また、たとえばアルフレート・ヴィンディシュグレーツ将軍（一七八七〜一八六二）の部隊によるヴィーン攻略や七月のパリでの市街戦に見られたように、人家の密集した市街地での戦いでも、市民防衛隊は長い間抵抗できないことがたちまち判明した。これらの戦闘はごく短期間で終わった。志願兵部隊が大挙参戦したにもかかわらず、市民防衛隊は訓練と装備が劣悪で、通例、敵の兵員数に比べると絶望的なまでの劣勢にあったからである。また軍指導部の側は、敗北のリスクを避け、有利な条件下で圧倒的優位にあるときにのみ戦ったので、反動派は連戦連勝であった。

革命の終結

革命の終結は、市民防衛隊と人民武装に弔鐘が打ち鳴らされた時でもあった。再び強くなった軍隊は、一八四八年秋には、軍事的にも政治的にも勝利の凱旋をした。何よりも重大な意味をもったのは、日雇い労働者と有産市民との間に生じた亀裂――社会経済的な歪みの急激な増大に伴って、階級対立と、両者の正反対の利害により生じた亀裂――がもはや修復不能になったことである。一八四八年春の時点ですでに、互いに競合する階級的な武装組織が、すなわち、かたや日雇いと労働者から構成され、かたや有産市民により作られた組織が、同一の都市の中に生まれた。有産市民は、独立的な市民共同体の理念が不安定になるとそこから大挙して離れ、軍事化された専制国家の安全な傘の下へ逃げた。全体的に、これを一八四八年の結果生じた人民武装理念の絶対的敗北と見なすなら、日常生活中の諸問題のレベルで、個々の市民的治安組織はそれ以前の数年間に相対的に敗北していたということができる。自由主義者たちは式辞や集会で贅言し、大仰な約束を口にした。また武装組織の隊員たちは居酒屋で大言壮語した。だがそうした言葉に比して、街路や市門で見られた夜の実態はしばしばまことに興ざめで、嘆かわしいものだったのである。政治的成功に陶酔し、自己のステイタス向上を誇る気持ちは、二十四時間の歩哨勤務でたちまち消え去った。勤務中の飲酒や歩哨での居眠り、見張りのいない市門や市壁といった光景は、日常的に見られた。そしてこれらが、市民的治安組織の反対者たちに格好の言い分を与えたのであった。

挫折した革命のその後の影響

自由主義や民主主義の運動、ならびにそれらの軍隊構想に対して、旧エリートと軍隊が獲得した勝利は、のちの時代にきわめて大きな影響を及ぼした。第一に、旧エリートは若干の譲歩こそしたものの、国家と社会における支配的地位を確保した。第二に、こうした地位はもっぱら兵士の銃剣によって守られ、それを拠り所とした。その結果軍隊は、旧体制を守ることのできる最後の砦と見なされたのである。軍隊によるプロイセン国民議会の解散は、その象徴的事件に他ならなかった。したがってこれ以後は、世論や議会統制といった社会的＝政治的干渉からこの軍隊を守ることが、体制側の最優先課題となった。第三に、常備軍の代替防衛構想が挫折するとともに、三月前期には広範な動きをみせた自由主義運動が様々な利害集団へと分裂した。有産市民は、経済問題で譲歩を得るのと引き替えに政治改革の続行を断念したので、やがて体制側と共存してしまった。それとともに専制的官憲国家の軌道が、すなわち、民主主義的運動を不審視し、軍隊に支えられ、最深部では議会主義的体制を拒絶する官憲国家の軌道が、敷かれることになったのである。そして、この軌道は最終的には第一次世界大戦へ行き着くことになる。

第三章　国民化と工業化
——戦争と軍隊（一八五〇～一八九〇年）

1　事件と戦争

軍事協定

エアフルト連合とオルミュッツ協約

革命後の数十年間は、特にプロイセンの権力拡大が顕著であった。革命の最中でさえ、ベルリン政府は少なくとも北ドイツ地域では影響力の拡大を図った。プロイセンが画策したのは、ドイツ連邦軍制の改変を通じて小邦国に対する軍事・政治的主導権を樹立することで、実際に同国は一連の軍事協定を結んで、多数の小邦国を自陣営に取り込んだ。しかし、この政策をさらに推進したいわゆるエアフルト連合が実現する前に、オルミュッツ協約によってオーストリアが介入したため、この画策はたちまち水泡に帰してしまった。プロイセンはとりあえず譲歩して軍事協定を解消し、その後数年かけて自国の軍隊を再編したとはいえ、プロイセン・オーストリアの二元対立は依然として存続し、両国はドイツ連邦の主導権をめぐってしのぎを削ったのであった。一八五〇年代初頭のプロイセンでは、軍民双方の指導者層のなかで一つの目標が徐々に広まった。ドイツの国民的統一の問題を、オーストリア抜きで、しかも革命精神を呼び覚ますことなく解決しようとする考えである。オーストリアとの外交闘争では、まずもって連邦軍制の問題が新たな計画や立案に着手するきっかけになったが、何よりも両国のこの二元対立に変化をもたらしたのは、クリミア戦争と一八五九年のイタリア戦争に誘発されたヨーロッパ国際情勢の変容であった。この変化のなかで一八一五年の古い諸国家体系が崩れ、同盟相手をその都度替える新しい現実政治が出現した。ヨーロッパは列強間の競争と同盟の時代に入ったのである。

ヨーロッパ国際情勢の変容

プロイセンがこうして新たな外交活動の余地を獲得したのに対し、オーストリアは北イタリアでの敗北の結果、不利な状況に追い込まれた。プロイセンの新首相オットー・フォン・ビスマルク（一八一五〜一八九八）は、この状況を背景にして、ドイツ問題を自己流に解決する可能性を手にしたのである。とはいえ、さしあたり両大国は、一八六四年に協力してデンマークとの戦争にあたった。この

一八六四年のデンマーク戦争

一八六六年のプロイセン＝オーストリア戦争

北の隣国がシュレスヴィヒを併合しようとしたからである。デンマーク戦争においてプロイセンは、デュッペル堡塁を攻略して軍事的にも政治的にも威信を示すことができた。短期間の戦役の後にヴィーンで和平協定が結ばれ、その結果デンマークはシュレスヴィヒ、ホルシュタインの両公国を放棄し、これらはプロイセンとオーストリアの管理下に入った。それからわずか二年後には、長い間予期されていた戦争が、ドイツ連邦の両大国の間で勃発することになった。プロイセンはここでも短期で勝利を収め、宣戦布告と和平締結もまた一八世紀の王朝間戦争の様式で進められた。プロイセンはハノーファー王国、クールヘッセン、ナッサウ、シュレスヴィヒ＝ホルシュタイン、フランクフルト・アム・マインを併合し、マイン川以北に広域的なまとまりをもつ支配領域を創り出したのである。ドイツ連邦は解体され、オーストリアはヨーロッパの中心部から南東部へ追いやられてしまった。

北ドイツ連邦

戦争終結直後にプロイセンは北ドイツ連邦を発足させ、そのなかで確たる支配的地位を占めた。連邦の憲法では、すべての構成国の軍制をプロイセン型に統一することが確認された。軍事立法権を連邦に移し、連邦軍総司令官には、連邦議長たるプロイセン国王が就いた。宣戦布告と和平締結の権限は彼に委ねられたのである。

一八七〇・七一年のドイツ＝フランス戦争

一八七一年の帝国創建

しかし南ドイツ諸邦国の帰趨が未定であったことから、外交上、どのようなかたちでドイツの国民国家を創るかという問題は、依然として流動的であった。フランスはプロイセンのこれ以上の拡大を断固阻止するつもりでいたので、プロイセン＝オーストリア戦争のわずか四年後には、ドイツ＝フランス戦争が勃発するに至った。ヨーロッパ国際情勢が異例ともいえるほどプロイセンに有利な状況の下で、ビスマルクはこの戦争を遂行できたのだが、短期に決着がついた以前の二つの戦争とは対照的に、今回は戦闘状態がかなり長びき、損害もはるかに大きかった。それだけでなく、パリで共和制が宣言され、プロイセンの領土併合計画が明るみに出ると、戦争はすべての面で国民戦争の様相を呈したのである。しかし結局、プロイセンとその同盟諸国は勝利を収めた。一八七一年には皇帝が、南ドイツ諸国を含み、エルザスとロートリンゲンをも併合してドイツ帝国の成立を宣言した。ドイツ帝国は、基本的に北ドイツ連邦の構造を受け継いだ。したがってプロイセンは帝国の支配者も同然であった。帝国の領土の七〇％以上、約四二〇〇万人の住民のうち二五〇〇万人弱がプロイセンに属していた。今や帝国の軍隊全体の範型となったプロイセン軍は、ビスマルク個人と並んで、帝国におけるプロイセンの優位を最も明瞭に示したのである。

守勢に立つビスマルク帝国

もとより、帝国は地政学上重要な位置にあったため、ヨーロッパ列強、特にイギリスとロシアはこの新興の大国を強い疑念の眼で見た。なにしろ中欧にこれだけの規模の大国が出現したのは、近代においては初めての事態なのである。さらに帝国は、フランスとは特別な敵対関係にあった。フランスにとって、かつて自国領であった二つの地域の奪還は焦眉の課題だったからである。こうしてビスマルク帝国は、はじめから守勢に立つことになった。もとより、帝国が陥ったこの外交上の窮境、列強がその存在を自明視しないという苦境は、ビスマルクが一八世紀の様式に沿って芸術的ともいえる同盟関係を構築し、巧みな外交手腕を発揮したので、当面は隠蔽された。外交上の難問に加えて、深刻な国内問題が立ちはだかることになる。すぐ後で述べるように、帝国が住民ないし議会の関与なく、軍隊の銃剣により上から創建されたことが、ドイツ人のその後の政治・社会生活の運命を大幅に左右したのである。かくして一方では内政と外政の、他方では国民的目標と軍事的目標との不幸な結びつきが出来上がってしまった。軍部の政治意識を根本から規定したのは、統一戦争の最後である一八七〇・七一年の戦争でさえも正規軍で、すなわち市民的軍事組織の関与なしに勝利したという認識であった。軍部のエリートはこうして、彼らの伝統的な戦争観と時代遅れな国家・

社会観を、一九世紀終盤および二〇世紀初頭に至るまで保ち続けることになった。なぜなら、統一戦争の成功が表向き彼らに正当性を与え、これまで政敵だった国内勢力でさえこの成功に得心したからである。この成功と同時に国民問題が解決され、さらに仇敵だったフランスを貶めることもできたので、国内の諸問題はうまく隠蔽され、自己欺瞞はさらに強まったのである。

2　政治と憲法

軍隊の規制なき憲法

一八四八年革命の結果は、軍隊と憲法、君主の三者のその後の関係を決定づけた。一八五〇年のプロイセン憲法は、憲法を軍隊の宣誓の対象から完全に外した。兵士は他の役人と異なって国家の公僕ではなく、君主と軍隊の間には今後も特別な忠誠関係が存続するとされた。軍隊、とりわけ貴族を主体とする将校団は、国法上の公僕としての義務に縛られることがほとんどなかったのである。こうした位置づけは国王の統帥権に対応していた。軍隊の最高指揮権と将校の人事権を握り、彼らの上に立ったのは政府でも陸軍大臣でもなく、国王であった。陸軍大臣はたんに軍事行政を司る存在にすぎなかった。プロイセン=ドイツに固有のこの構造――一八世紀からの伝統である将校と君主の特別な、いわば個人的ともいえる忠誠関係は、その具体的あらわれである――は、軍隊を国家の一部と明言して議会の統制下におく、近代的な憲法の精神と一致しなかったのである。保守派が兵士の選挙権に対して批判的眼差しを向けたのも、それゆえごく当然であった。軍隊の政治化や君主への忠誠心の喪失、さらには革命の危機が危惧されたからである。長い議論の末、現役兵士に対する選挙権の停止が一八六九年に宣言された。保守派はそもそも、選挙権がもたらす実質的影響を過大評価していたといえる。というのも、選挙権が発生する最低年齢は二五歳であり、兵役義務該当者と一般兵卒の大半は、いずれにしても選挙権をもたなかったからである。

君主と将校団の忠誠関係

ローンの軍制改革

一八五〇年代末から六〇年代はじめにかけて、陸軍大臣アルプレヒト・フォン・ローンのもとで実施された軍制改革により、軍隊は憲法上・国内政治上の権力をさらに増大させた。ローンは第一召集の国土防衛軍を解体し、これを後備役として正規軍に組み込んだ。たしかにこの時期の国土防衛軍には、もはや一九世紀初頭の改革期のそれと何ら共通点はなかったが、それでも市民層や自由主義者の多くにとって、それは相変わらず最後の砦であり、以前からの要求の象徴的存在だったのである。さらに三年兵役制の再導入により、陸軍の兵力は一五万一〇〇〇か

憲法紛争

ら二一万二〇〇〇へ増強されることになった。この軍拡もまた反対派の勢いを強める結果になり、一八六一年の総選挙では、設立されたばかりの進歩党が圧倒的な勝利を収めた。進歩党は、二年間だけの兵役と議会による国家支出の統制とを要求した。つまり、軍事予算へのこれ以上の支出を拒否したのである。この軍隊をめぐる紛争が憲法危機へと発展した。その際、軍部は国王を味方につけ、議会解散とその後の選挙によっても議会の態度に変化がないと見るや、クーデターや憲法の失効をも念頭に置いたのであった。この紛争を収束させたのが、一八六二年に宰相に任命されたビスマルクに他ならない。彼は巧みな引き延ばし戦術をとり、細事については妥協した。ことに彼の積極的な外交政策は、国民的統一の問題と市民的・自由主義的諸要求を満たすと思われたので、これにより紛争は解決へと向かった。デンマークに対する電光石火の勝利、それ以上にオーストリア、フランスへの勝利を目の当たりにして、ビスマルクの批判者たちは、憲法問題よりも国民問題を優先させた。速やかな軍事的成功により、自由主義者の間では統帥権の問題さえ影を潜めてしまったのである。軍制改革が一段落すると、ビスマルクはこの政策を推進して、プロイセンだけでなく、その他のドイツ諸邦の市民層にも見られた権力政治への傾向を助長した。もとよりその代償として、内政の発展が阻害されてしまうことになるのだが。

プロイセン型軍制の輸出

ローンの改革実施直後から、プロイセン政府は自国の軍制の輸出をはじめた。一二年前と同じく軍事協定を結んだが、今度はプロイセンの軍事組織全体が継受され、いくつかの邦国では部隊をプロイセン将校の指揮下に入れてしまうほどであった。北ドイツ連邦の設立により、プロイセン王は連邦軍総司令官として統帥権を連邦軍全体に拡大させた。プロイセンの軍事法規は連邦軍に導入された。一八四五年の軍事刑法典、同年の軍法会議規定、名誉裁判に関する規定、将校補充制度、装備と組織、なかでも徴集と動員に関する規定がそれである。実質的な点ではすべて、連邦軍は拡大されたプロイセン軍といってもよかった。現有兵力を向こう一〇年間一定に保つという案により、ビスマルクは軍隊に対する議会の支配権を排除しようとしたが、またもやこれに反対の声がわき上がった。結局、軍隊に関する立法権限を連邦に認めるものの、軍事問題に関しては、プロイセンが連邦参議院で拒否権をもつということで妥協が成立した。これにより、軍事独裁はたしかに回避されたけれども、立憲制はどうしても未熟にならざるをえなくなってしまった。ビスマルクが連邦陸軍省の設置提案を拒否し、連邦軍総司令官の地位を制限する計画も拒絶したのは、その証左である。

バイエルンその他の諸国に対する特権

北ドイツ連邦の軍事組織の枠組みは、一八七一年の帝国憲法によって軍隊を編成するためのモデルとなった。しかるべき交渉と軍事協定の締結を済ませた後に、南ドイツ諸邦が連邦へ加入した。たしかにザクセン、バーデン、ヴュルテンベルク、特にバイエルンには、一定の特権が容認された。たとえば、バイエルンは独自の軍事法規、軍事財政、陸軍省を保持し、平時のバイエルン軍は、ミュンヒェン在住のバイエルン国王の指揮下に置かれた。しかし戦時になると、それは連邦軍総司令官、すなわちドイツ皇帝であるプロイセン国王の指揮下に入ったのであった。しかもバイエルンは皇帝に対して、軍隊査察の権利を認めなければならなかった。一八七一年以降のドイツ軍制は、かつてのドイツ連邦の組織とは対照的に、皇帝の統帥権に沿った構造をなしており、帝国の統合を促す多くの要因を盛り込んでいた。それゆえ分担兵力を供出する諸邦国の特権は、バイエルンのそれでさえ、決定的な重要性をもつことはなかったのである。軍事に関する立法権限は帝国にあったので、その後数年のうちに帝国が制定した新しい軍法を、南ドイツ諸邦は受容せねばならなかった。第一次世界大戦までのドイツでは、軍隊が邦国の分担供出から成るという考えが支配的であったが、たとえそうであっても、プロイセン中心の統一的な帝国軍が形成されたことは明白である。

議会による統制

すでにプロイセンと北ドイツ連邦に見られたように、ドイツ帝国でも、議会による軍隊の統制について論争があった。とりわけ、統帥権者の軍事高権と帝国議会の予算権とがぶつかり合った兵力の問題は、徹底的な議論が展開され、立憲制に重大な影響を与えた。平時の現有兵力は一八七一年末まで人口の一％と定められたが、この兵力は帝国法によって臨機応変に調整されることになっていた。支出算定にあたっては、兵員一人あたりの経費が一定額に固定された。帝国議会はこうして、さしあたり重要な政治的手段を手にし、軍隊の現有兵力や編成、組織を決める皇帝の統帥権に対峙したのである。帝国議会はたしかに弱体で、ビスマルクによって幾度も軽くあしらわれ、解散の可能性もつねにあった。それゆえ最終的な場面では軍隊統制の手段を放棄して、君主制と決定的に袂を分かつのを諦めてしまった。しかしながら議会は、七年制予算に、すなわち人口の一％の兵力を前提にした七年間有効な軍事予算に賛同して、議会の影響を永続的に閉め出す、

七年制予算

いわゆる永久予算の成立を少なくとも妨げることができたのである。他方、支配階級は、対外関係が困難な状況にあるととらえ、政府は、守勢はおろか諸外国に包囲されていると感じていた。それゆえ帝国議会の予算に関する権限は、もはや内政問題にとどまらず、従来にもまして国家の存立に関わる脅威と見なされたの

であった。

　軍隊の憲法上の特殊な地位は、内政において軍隊が有した権限にも反映されている。一八世紀において、自国民に対する軍隊の投入は旧来の戦争法の一部をなしていたが、その後の国制の発展により、厳密な規定をもつ非常事態法を制定せねばならなくなった。対立の図式も変化した。アンシャン・レジーム期に目立ったのは、散発的な警察命令違反や地方での納税忌避であったが、国家と社会の分離により、今や内政や憲法に関わる要素が危険因子になったのである。三月前期には、君主制を批判や抗議から擁護するために軍事的手段も用いられた。一八五〇年のプロイセン憲法は、戒厳令の布告を内閣府の任務と定めたが、実際にそれを命令・執行するのは軍当局であるとした。戒厳令の布告後には、執行権力が軍隊の司令官に委譲され、文民当局はこれに従わねばならなかった。戒厳令を宣言することにより、基本権の停止も可能となった。その後、北ドイツ連邦とドイツ帝国の憲法においてさらに修正が加えられ、皇帝が宣戦ないし戒厳令を布告する体制が整ったのである。

3　組織と行政

陸軍省はプロイセン改革の一環として創設された。しかし大臣の地位は当初から危ういものであった。指揮命令、参謀本部、人事、行政に関しては、たしかに陸軍大臣が責任を負ったけれども、国王が統帥権者としてこれまでどおり軍隊を率い、将校団に対しても特別な関係を維持したため、陸軍大臣の役割は命令の執行だけにとどまったのである。しかも、初代陸軍大臣ヘルマン・フォン・ボイエンが辞任すると、この地位はいっそう弱体化した。陸軍大臣はその上、通例自身が高級将校であったため、国王に対して様々な忠誠を示さねばならなかった。とりわけ一八五〇年以降、この地位はいっそう骨抜きにされた。国王と軍部の目には、憲法に則った陸軍大臣の地位が、軍事に対する議会の介入の危険を伴うものと映ったからである。国王と歴代陸軍大臣の関係は、こうしてしばしば緊張を孕むことになった。たとえば法令における大臣副署の問題、すなわち大臣の責任と権限の問題は、その具体的なあらわれである。もっとも成功した大臣であるローンですら、軍隊の効率向上に一意専心して憲法上の諸権利に目を向けなかったのは、この問題点をよく示している。

軍事内局

陸軍大臣の地位が弱体で、疑問視されるようになったのは、大臣が軍事内局や参謀本部と競合したからであった。疑問視されたからこそ、両者の競合が生じたともいえる。国王に上奏され、取り上げられたすべての軍事関連の事柄、特に将校団の人事問題は、軍事内局の管轄下に置かれた。軍事内局は、形式的には本来陸軍省の下に属したが、この状態も一八八三年には終わりを迎えた。これに加えて、将軍クラスの指揮官たちが独立した権能を有していた。彼らは君主への帷幄《いあく》上奏権〔好きな時にいつでも、途中に介入者をはさむことなく国王に拝謁し、意見を述べる権利〕を使って、陸軍省を回避することができたのである。

参謀本部

最後に指摘すべきは参謀本部である。遅くともヘルムート・フォン・モルトケ（一八〇〇～一八九一）が総長だった時代に、参謀本部は、中心的な指揮機能をはたす影響力の強い軍事機関として登場した。

陸軍省は中心的な任務を削られたにもかかわらず、軍事行政の最上級機関として重要な役割を果たした。一八世紀の軍隊経営（Militärökonomie）がなお傭兵軍時代さながらの半ば私的なもので、中隊が中隊長の所有する企業として経営されたのに対して、一九世紀初頭の諸改革の結果、これらの職務は最終的に国家の統制下に入った。兵士の給養と糧食、物資調達と軍服、予算・金庫・会計の制度、兵舎・野戦病院・練兵場の管理は、新しいタイプの軍事官庁である陸軍省の管轄下に置かれたのである。

軍事司法

軍事司法も依然として重要な役割を果たしていた。軍事司法は独自の級審をもつ裁判所、特別な軍事刑法と手続き法を有し、軍事行政内部の大半をカバーするだけでなく、文民の裁判権からも独立していた。

帝国陸軍

帝国陸軍の編成は北ドイツ連邦のそれに準拠していた。前述のように、ドイツの多くの邦国がプロイセンに併合され、軍事面での独立性を放棄していた。近衛軍団、ならびに第一軍団から第一一軍団までがプロイセン軍で、さらにバーデン軍との混成による第一四軍団がこれに属した。ザクセンは第一二軍団、ヴュルテンベルクは第一三軍団であった。バイエルンは固有の特権に基づいて、二つの独自の軍団を有した。さらに、帝国直属州であるエルザス＝ロートリンゲンの第一五軍団があり、これは帝国の様々な地域の混成部隊から構成された。

兵科

軍隊は歩兵、騎兵、砲兵、それに様々な種類の技術部隊から編制された。最大規模をなしたのはもちろん歩兵隊で、一八七四年には歩兵一四八連隊、猟兵二八大隊から成り、約二八万人の兵士を擁した。武装は一八七〇年代に全国一律化され、猟兵は銃剣の装着可能なライフルを、歩兵は照準装置と銃剣の付いた一一口径の小銃をそれぞれ所持した。アメリカのウィンチェスター銃を模範にして、薬莢一〇個付きの連発銃を導入したのは、一八八〇年代に入ってからのことである。教練規定が武器の発展に順応する過程は、きわめて緩慢だったのである。騎兵は九三連隊編成で、装備や戦術の違いに応じて竜騎兵、軽騎兵、槍騎兵に区分された。携帯火器とカービン銃の装備の方がより有効になると、胸甲はじきに廃止されていった。この兵科の威信は群を抜いて高く、他のどの兵科にも増して貴族的な態度や行動様式を象徴し、またそれを表現した兵科であったが、戦略的にはかなり以前から地位が低下していた。二〇世紀前半に自動車の導入が進むにつれて、馬は輸送手段としても姿を消していった。砲兵は機動性のある野戦砲兵と、徒歩砲兵（Fußartillerie）と呼ばれた要塞砲兵に分類された。いずれの軍団も、二連隊――各連隊には騎馬部隊と機動部隊とがあった――編成の野戦砲兵旅団を有した。合計三六あった野戦砲兵連隊は、それぞれに六門の大砲を配した三〇〇の砲兵中隊で編成された。

一八七五年には口径の統一により武器全体が刷新され、火砲の有効射程はかなり改善された。砲弾の主流は撃発信管付きの榴弾であった。時限信管付きの榴散弾がますます使用されなくなったのに対して、近隣の防衛には散弾入り砲弾が使われた。一八七〇・八〇年代の新しい教練規定では、特に機動演習やあらゆる地形での教練、障害を速やかに除去する訓練が定められた。これに対して他の兵科との合同演習はほとんど行われず、たいていの将校は相変わらず砲兵隊を軍隊の継子扱いしていた。両世界大戦での重砲の大量投入と、二〇世紀における戦争のテクノロジー化により、ようやくこの状況は大きく変化することになる。技術部隊であった工兵は、いずれの軍団にも大隊兵力で配備された。要塞建設部隊の指揮の下、工兵隊は架橋や堡塁構築、要塞構築などに従事した。さらに鉄道敷設隊、電信隊、輜重隊が補給物資を軍隊に供給し、通信網を確保し、衛生環境を整えた。

4　社会構造と日常生活

軍人身分と国家

プロイセン一般ラント法によれば、すべての軍人が法文上、独自の身分を形成した。彼らは同時に公民でもあったから、二重の法的地位をもつことになった。軍隊の構成員として彼らが国家と関係する時は、法律上公民として行動する時よりも直接的な制約下にあった。一八一四年の国防法のそもそもの前提であった公民概念は、次第に政治的に理解されてゆき、それにつれて軍人身分はますます社会から隔絶していった。軍隊のなかで公民を樹立しようとした改革期の努力は、かくして放棄されたのである。一八世紀から受け継がれた身分制的伝統や思考様式は、一九世紀の官憲的国家観と独特なかたちで結びついた。他ならぬこの結びつきこそが、その後のドイツの運命を大きく左右した。官憲的国家観によって、国家は男子住民を最大限掌握したものの、他方で彼らには政治参加を認めなかった。国家と社会の軍事化はこうして決定的な前進を遂げ、最終的には第一次世界大戦へ至ったのである。

個人的生活領域への介入

したがって、軍人は私生活へのかなりの干渉を、すなわち一八世紀の家父長主義的後見意識に由来する干渉を、甘受せねばならなかった。結婚承認の際の制約は、その典型であった。兵士は、指揮官の許可を得た時にのみ、婚約や結婚が許されたのである。婚姻が認められても、軍務やその他の事情への配慮から、兵士は引き続き未婚者と見なされた。同様に、兵士は財産の処分に際しても大幅な制約下にあり、上官の許可なしに貸付金制度を利用することは禁じられていた。宿所などでの営業活動や食料品の売買は、公然と禁止されてはいなかったものの、特別な許可を得る必要があった。

「義務」と「名誉」

日常の軍務を規定する価値観は「義務」と「名誉」であった。しかしこれらの価値は、やがて誇張されて好ましからざる方向に進み、社会的にも憲法上も由々しきドグマになってしまった。この展開の出発点は一八世紀の常備軍の職業倫理であり、これが旧ヨーロッパの職業身分的伝統のなかで軍人特有の態度や名誉観念を生み出し、かつ温存したのである。この身分制的な職業名誉は、勇敢、剛胆、服従、敬神などから成っていた。これに対して、一九世紀初頭には軍制改革者が一般兵役義務を導入し、教養ある上層市民をも含むすべての成年男子に一定期間の兵役義務を課した。導入に際して彼らは、市民的な名誉概念を基礎に据えた。この名誉概念は、軍隊のこれまでの上下関係を変えるものとされ、部下のもつ権利を尊重するような、より配慮され改善された待遇をもたらすと期待された。そして、この市民的な名誉概念は、たとえば軍事刑法の改革と名誉刑の全廃に現れているように、兵役義務者個人の名誉を守るものでもあった。しかしながらこれらの考えは、やがて改革期が終わりを告げると、軍隊の特殊な制度的発展と並行して顧みられなくなった。改革者の見解では、兵役義務者は数年間の兵役の間でも個人的・市民的名誉を保持できたが、軍隊指導部は自分たちの職業的名誉観を唯一の価値観とし、これに見合うよう新兵を内面から教化しようとしたのである。兵士の義務を過度に賞揚し理想化するこのような態度は、軍隊の利害につながり、一八五〇年以降とりわけ顕著に見られた。これこそ特殊な軍事化——軍事的なものが市民生活の模範になる過程——の予兆であった。その結果、一九世紀末になると、男子は兵役を経てはじめて社会の完全な構成員になる、という考えがドグマにまでなったのである。軍隊の精神はしばしば呪文のように唱えられ、時代精神の発展に「待った」をかけることになった。絶対服従の序列は上官を経て、ドイツ帝国の頂点に位置した君主の権威にまで達した。それだけでなく、国家の教会組織もこの服従を支持したので、ドイツでは特異な軍人精神とその価値観が、独特のかたちで貫かれたのである。

給与と糧食

中隊経営といわゆる軍隊経営が終焉を迎えると、兵士の給与と糧食支給は新たな基盤に立脚することになった。とはいえ、帝政期の一般兵卒の給料は一九世紀初頭とほとんど変わらず、一九〇〇年頃の月給は一〇マルク五〇プフェニヒであった。パンの配給は一九世紀のあいだにようやく質・量ともに改善され、一八七二年以降、一日あたりの支給量は通常七五〇グラム、増量時には一〇〇〇グラムとなった。部隊の糧食支給に関する一八五八年の命令によれば、兵営における兵士の昼食として、一三〇グラムの肉、一〇〇グラムの米（あるいは一三〇グラムの挽き割り麦ないし大麦、あるいはジャガイモか豆類）、そして塩が認められていた。野営や露営での演習では、当然のことながらさらに多く支給された。一八六二年以降、コーヒーが火酒に取って代わった。朝食と夕食については、二〇世紀初頭になってようやく目立った改善がなされた。兵舎の新設のたびに台所と食堂が用意され、特にこの措置が給養の根本的な刷新をもたらしたのである［43: Messerschmidt, Armee, 183-188］。

再役兵と下士官は、自らすすんで長期間勤務し、兵役義務者でも将校でもなかったが、軍隊内での彼らの勤務環境と物的条件は依然として乏しく、慎ましやかなままであった。もとより、この種の評価を下す際にはつねに当時の一般市民と比較すべきであって、当時の社会的上層や、ましてや今日の状況と比べるべきではない。こうした視点から見ると、再役兵と下士官の生活は貧しかったとはいえ、都市や農村の下層民と比較するなら、後者の生活の方がはるかにみすぼらしかったといえよう。

昇進と就職斡旋

下士官の昇進の可能性はほとんどなく、将校身分への昇格は実質上不可能であった。その結果、下士官団は、もっぱら身分も教養程度も低い者によって構成された。就職斡旋制度、つまり民間就職先の斡旋をはじめとする退役軍人の救済は、経済的魅力をもつものとして、それゆえきわめて重要な意味をもったのである。一八世紀的精神のもとで保持されてきた恩典俸給は、一八四八年以後ようやく通常の退役年金に代わった。さらに年金の細かい等級や、就業不能の基準が設定され、支給額も大幅に引き上げられて、年金制度はかなり改善されたのであった。しかも退役軍人（下士官と再役兵）は、一定の前提条件を満たせば上級部局からいわゆる文官任用証書を与えられ、これによって公的な職務（鉄道、農林、教会、郵便、行政）のなかでも単純な仕事を得られるようになった。彼らはたとえば、家屋管理人、郵便配達人、用務員、看守、看護人、教会従僕、獄吏として雇用される機会を得たのである。比較的上級の公職には予備役将校が任用された。こうして、神聖ローマ帝国のすべての軍隊、なかでもフリードリヒ二世（一七一二～一七八六）のプロイセン軍隊で精力的に実践されたことが、ここでも実行されたのであった。もとより、フリードリヒ大王の時代には、経済上の利害や家父長制的な扶助がこの実践に一役買ったのだけれども、一九世紀になると、退役軍人の就職斡旋――これにより、軍隊の経歴のない者が行政職に就くのはほぼ不可能になった――が政治的次元で看過しえない意義をもったのである。この問題については、後でもう一度触れることになろう。

　将校は一般兵卒や下士官とまったく異なる世界に属した。この時期にはかつての身分制的社会秩序は解体しつつあったが、それでも第一身分たる貴族は旧秩序

貴族の将校団

の体現者として指導的地位を占め、他方、下級の身分は下士官や一般兵卒となった。軍制改革者は一九世紀初頭に市民的業績原理を導入し、将校の地位を貴族以外の者にも開放したが、実際の変化はごくわずかであった。たしかに、貴族出身と市民層出身の将校候補者は法的に対等となったけれども、両者の社会的対等は決して達成されなかった。しかも、改革期に一時的に実現した将校団の開放は、復古期ととりわけ一八五〇年以降に後退したのである。特にプロイセン将校団では貴族の占める割合が高く、比較的上位の階級はほとんど貴族が独占した。市民層出身者が、その出自にもかかわらず将官の地位に足る能力を示したときには、貴族身分に列せられた。彼らが将校になれたとしても、それはあまり威信の高くない兵科、つまり技術や知識が重要な砲兵や工兵においてだけであった。近衛連隊のような個々のエリート部隊では、第一次世界大戦まで市民出身の将校は一人も受け入れられなかった。南ドイツ諸国ではこれほど徹底した状況ではなかったとはいえ、将校団における貴族的排他性はこの地域でも広く残存していた。一八五〇年から九〇年にかけて、連隊指揮官で市民層出身者が占めた割合は、砲兵隊でこそ三三〜五〇％だったものの、歩兵隊では一三〜二四％程度、エリートと目された騎兵隊にいたってはわずか七〜一一％に過ぎなかった。将校でも地位が低

社会学的に見た将校団の閉鎖性

ければ低いほど、市民層出身者の占める割合は高かった。一九世紀末から二〇世紀初頭にかけての大軍拡で、ようやくこの比率は変化したのである。

プロイセン＝ドイツの将校団は社会学的に見れば閉鎖社会であったが、この閉鎖性は意図的につくられ、結局は政治的動機に基づいたものであった。将校の選抜手続きには、二つの異なる手続きがあった。一つは学校と試験委員会で、ここでは理論的学識水準と実践的知識が試された。もう一つは司令官による選抜で、彼らは候補者のこれまでの行動や態度を鑑定した。これらの手続きによって、将校に必要な職業上の能力だけでなく、将校にふさわしい道徳的徳性もまた審査された。重要なのは、将校特有の団体精神を保つことだったのである。兵士や下士官の名誉の観念は、すでに特殊なかたちで展開していたが、将校の名誉はこれよりはるかに高尚なものと位置づけられた。将校身分の名誉は上から意図的に形成され、特別の名誉裁判所がこれを守り擁護した。独特の機能をもったドイツのエリート集団はこの名誉によって生み出されたのであって、このエリートたちは、憲法上軍隊がもつ特殊な地位や、君主への特別な忠誠関係に対応して、自分たちが司祭のごとき超越的代表者として社会に君臨すると錯覚したのである。個々の将校にとっても、また将校団全体にとっても、名誉と均質な振る舞いこそが社会的指導者である証であった。将校の経済的・社会的諸関係を調査する際に、あるいは人員を選抜し、教育を論じる際には、名誉とその維持ができているかどうか、振る舞いがきちんとしていて、政治的忠誠心に篤いかどうかが重視されたのである。

将校の生活条件と日常

身ぎれいな制服に身を包んだ将校、きびきびした口調で、非の打ち所のない態度の将校は、外に向けては光輝を放つ存在であった。しかし、彼らの実際の社会的・経済的境遇はこれと対照的であった。特に下級将校は、給与で生計を立てるのがやっとであった。ある陸軍少尉の場合、宿代、洗濯代、その他の諸費用を差し引くと、手元に残った給与は毎月一〇ターラーであった。しかもこの残りの大部分も、昼食や、パンにバター程度の軽食で消えていった。昇給は何度も実施されたが、下級・中級将校の通常の給与は一九世紀全体を通じて、あまり大した額とはいえないままであった。しかしながら、貴族の伝統と将校の名誉がある程度身分にふさわしい生活を要求し、さらに彼らはつねに意地を張り合わねばならなかったので、有利な立場にあったのは裕福な家庭の出身者であった。つまり、貧乏貴族の子弟に比べて、潤沢な御手許金のある市民層出身将校の方が、ある程度まではむしろ有利だったのである。もとより貴族出身将校は、市民出の将校たちが真の戦闘心に欠け、都市民の軟弱な生活様式を優先させる輩ではないかと、つねに大いなる疑念の目を向けていた。将校専用の食堂――これがやがて将校クラブに拡大発展した――を設置したり、中隊長や特に連隊長が自腹を切って若年将校の面倒を個人的に見るといった措置は一般的に見られたが、これらも慰め程度で、制度の不備を補うにはほど遠かった。だからこそ将校の負債は大問題だったのである。様々な対応措置にもかかわらず、将校の負債は後を絶たず、不名誉な退役を迫られる場合も少なくなかった。なかには、名誉を汚さぬ道は自殺以外にないと考えた将校さえいた。こうした厳しい経済状況に輪をかけたのが、遅々として進まなかった昇進である。昇進は、無条件とはいえないまでも、年功序列の原則に従って行われた。この原則のもとで、昇進は勤務した期間に応じて行われたが、他方でそれは、候補者の能力がさして変わらないことを前提にした。特に一八五〇年代の軍制改革までは、陸軍少尉が昇進するには二〇年も勤務せねばならないこともあった。一八四〇年頃には、四五歳の中尉や少尉も珍しくなかったのである。

5　経済と技術

軍需産業の構造

兵士の武器や装備、さらにはより大規模な兵器関連資材の調達も、改革期に国家の完全な監督下に置かれた。これによって、一方で中隊長や連隊長による軍隊の私的運営が、他方で半国営の武器製造業が廃止された。しかし私企業的に組織された軍需産業は、一九世紀後半以降ようやく確立したのである。それを条件づけた一般的な要因は、工業化の進展と交通革命ならびに通信革命であった。重工業、機械製造業、冶金学の分野で機械による生産が始まったのは、比較的遅い時期の一八五〇・六〇年代であった。金属加工産業は徐々に成立した。鉄生産と鋼生産が結びつき、製品がさらに加工されたのは、この産業においてであった。起業公債の発行、大銀行と株式会社の設立により、ドイツはこれまでにない大規模な投資と小規模な企業の大企業への拡充に成功した。ドイツの鉄工業におけるこうした躍進を象徴するのが、アルフレート・クルップ（一八一二〜一八八七）の企業である。クルップは一八三五年にはじめて蒸気機関を導入し、六七名の労働者を従事させたが、一八四七年には最初の鋳鋼製砲身の鋳造を開始、一八六四年以降は毎年一万の鉄道用車軸と二万の車輪を供給し、一八七〇年には一万二〇〇〇名の労働者を擁して、鋳鋼製の鉄道部品、船舶用品、機械部品、鋼材、大砲を製造した。

起爆剤としての技術発展

軍隊にとって、技術の進歩は大きな起爆剤であった。戦略・戦術・作戦行動の各レベルでの思考や計画は、絶えず技術の進展に合わせ、変更せねばならなかったからである。新たな武器技術が導入され、その真価が試された戦争（特にクリミア戦争、アメリカ南北戦争、一八六六年のプロイセン＝オーストリア戦争、一八七〇年のドイツ＝フランス戦争）は、新技術の実験場となり、変化を生み出す触媒になった。全体的に見れば、歩兵隊では、前装燧石銃から鋼管を用いた後装施条銃や自動連発銃へ、砲兵隊では、鋳鋼管と新しい尾栓技術を取り入れた統一口径の後装砲へ発展し、海軍では、木造船から鉄甲船や鋼鉄船への変化、帆船から蒸気船への発展が見られた。軍事上の重要な革新は、交通・鉄道の領域や情報伝達、武器技術に集中して見られた。特に武器技術では、火器の能力と破壊力が劇的に強化された。鉄道による輸送革命の結果については、高い評価を与えないわけにはいかない。すでに一八四八年革命時には、部隊や補給物資の輸送が鉄道によって大量、迅速かつ利便手軽に行われ、これが大きな成果を上げていた。動員や行

輸送革命と通信革命

軍に要する時間を著しく短縮して、敵に対する戦略的優位が得られたからであった。それゆえ一八六〇年代には、軍隊による鉄道の徹底的な利用が始まったのである。大参謀本部は独自に鉄道局を設けて、ドイツ帝国の創建とともに軍用鉄道令を発布し、国有化された鉄道網を活用するためのインフラ整備を推し進めていった。輸送革命は通信革命と軌を一にしていた。電信にはじまり、電話網、無線交信へと進化した通信手段は、作戦の指揮や部隊・艦船の出撃に決定的な影響を及ぼした。しかも、世界中に広まった通信員のネットワークや、印刷技術とその配送手段の刷新により、活字メディアは戦争を、メディア上の大事件として構築するようになったのである。

ドライゼの後装銃

武器技術の革新の波は、ついにはヨハン・ニコラウス・ドライゼ（一七八七〜一八六七年）の後装銃にまで及んだ。一九世紀半ばにいたるまでは、兵士は一八世紀以来の前装燧石銃――この銃は、その時々の必要に応じて改良を繰り返してきたに過ぎなかった――で戦った。これに対して軍隊は今や、次の四点を満たす新しい銃を要請した。第一の要望は実用に優れていることで、できるだけ簡単に扱えて、伏せても撃てる銃が求められた。第二は射程距離の長さ、第三は的中率の高さ、第四は迅速な装填による射撃間隔の短縮であった。こうした要請から生じる技術的問題を解決したのは、薬莢を打撃ではなく、針で突いて点火する撃針の仕組みであった。紙製の薬莢は程なくして金属製に代わり、撃鉄が導入された。また弾倉の装備により、連射能力が向上した。ただしこれは、一九世紀末に機関銃が銃器の新たな次元を開拓する以前の話である。新しい遊底や点火装置に加えて、口径の縮小を可能にした銃身の鋳鋼化は、機械による穿孔技術とともに、銃口の直径の均一化にとりわけ大きな役割を果たした。全部隊にこの新しいタイプの銃器が装備されたのは、一八六〇・七〇年代になってからのことである。それまでの軍隊は、必ずしも技術革新に歩調を合わせていたわけではなかった。新しい兵器関連資材を迅速かつ大量に購入するだけの資金を、調達できなかったからである。それだけではない。刷新に対しては、将校団内部からの頑強な抵抗もあった。彼らの大多数は技術革新に敵対的で、なかなか変化を受け入れようとしなかった。新しい技術は慣れ親しんだ習慣を脅かしたから、彼らはこれに対抗し、そのために新技術の導入は大幅に遅れてしまったのである。一八八〇年代末頃になってはじめて、将校は兵器の技術的水準に徐々に順応するようになった。

統一口径の銃砲が機械で大量生産され、砲兵隊の技術的新編成も行われるようになると、遅くとも一八六〇年代以降には、私的な軍需産業の成立が促された。

軍産複合体

いくつかの企業は、やがてグローバルに活躍する経済帝国を築くことになった。なかでも特筆すべきは、兵器の技術的発展を指導したクルップ・コンツェルンである。一八八〇・九〇年代に軍備拡張が進むと、対外関係、国内事情、財政、工業の各領域の問題が複雑に絡み合うようになった。軍隊、政府、巨大コンツェルンの間には、やがて軍産複合体が形成された。一八九〇年に始まった艦隊建設は、世界的な軍拡競争を大々的に促進し、独占支配の軍需産業には莫大な量の兵器の生産が委託された。これに対して、いわば一八世紀的な半官半民的手工業の伝統のなかにあった国営企業は、ますますその役割を減じたが、それでも第一次世界大戦までは存在していた。こうした企業に挙げられるのは、シュパンダウ、エアフルト、ダンツィヒ、アムベルクの銃工場などであり、シュパンダウ、ダンツィヒ、リップシュタット、ドレスデン、ミュンヒェン、シュトラスブルクの工作場——これらの工作場では、たとえば火薬、砲架、前車、弾薬が製造された——である。また雷管と照明弾は、ジークブルク、インゴルシュタット、シュパンダウ、バウツェンの国営企業で製造された。

6　軍隊と社会

一八四八年の分水嶺

一七九〇年から一八二〇年にかけての大変革で、軍隊と社会の関係はすでに抜本的に刷新されていたわけだが、両者の関係が劇的に変化し、のちのちにまで影響を及ぼすことになったのは、実のところ、その後の数十年における社会の根底的な変容によってであった。分水嶺になったのは、特に一八四八年の革命である。三月前期には、市民層と第四身分の大半がまだ軍隊に批判的眼差しを向けており、憲法と民主主義を求める戦いのなかで、軍隊を国内政治上の敵と見る者も多かった。あるいは一八世紀の伝統そのままに、軍隊を無視したり、自分たちの日常生活や思索から排除したりといったことは、しばしば見られた。多くの都市では在郷軍人協会が設立されたとはいえ、旧来の軍隊観は、解放戦争の栄光の記憶をもってしてもほとんど変わらなかった。というのも、こうした協会の数と影響力の範囲は限られていたし、他方で、一八一三年から一五年の軍事的成功を讃える熱狂は、国内政治の動きとつねに対立したからである。国家・軍隊・社会は、まだ互いに相容れない極にあるものとして理解されていたのである。

軍隊の二重の勝利

軍隊は、まずは一八四八・四九年の革命で、続いて一八五〇年代末から六〇年代初頭のローンの軍制改革と憲法紛争で、国内の敵に勝利を収め、さらに一八六四年、一八六六年、一八七〇年には外敵を退けた。内外におけるこの二重の勝利によってはじめて、従来の軍隊観は劇的な変化を遂げることになった。前代未聞の勝利の連続、なかでも仇敵フランスとの戦いを、解放戦争のときとは異なって、市民の民兵や国土防衛部隊を動員せずに勝利したことは、兵士の銃剣で一八七一年の帝国を創建したこととならんで、国家と軍隊を独特のかたちで融合させた。市民層と軍隊は和解し、広範な階層にわたる新しいかたちの社会の軍事化が生じたのである。

この変化は、たとえばプロイセンの将軍フリードリヒ・フォン・ヴラングル（一七八四〜一八七七）の再評価に典型的にあらわれている。ヴラングルは、ベルリン市司令官として一八四八年に国民議会を解散させ、プロイセンの民主主義運動に終止符を打った人物である。反議会的な基本姿勢と粗暴な軍事行動をとった彼を、新聞や雑誌は当初激しく批判したが、それから数年もたたないうちに、世論の彼に対する見解は急変した。否定的イメージにあふれた反動の「突撃元帥」は、変人だが達者な戦争の英雄である「ヴラングル父さん」に変わり、肯定的な意味合いをもつようになったのである。

軍隊と兵役義務

これらの重要な諸事件と一八四八年以後における軍隊の二重の成功は、戦争と軍隊についての認識を変化させるだけでなく、軍隊と社会の関係にも影響を及ぼした。この影響は、すでに一八一五年以後いち早く、軍隊が一連の手段を駆使して住民のなかに入り込む方策を講じていたことも手伝って、のちのちまで長く続くことになった。その際、最重要の方策は、おそらく兵役義務であろう。たしかに、当初の兵役義務は部分的に実施されたに過ぎず、これを導入したのもプロイセンなど若干の邦国に限られていた。しかし、やがてこの義務を通じてますます多くの若者が、兵舎と演習場で数年間の生活を送るようになったのである。一八五〇年以降、とりわけ一八七〇年以降には、兵役義務の影響が一気に拡大し、ごくわずかの例外しか許されない状況にまでなった。もっとも、実際はそれ以後になっても、たとえば一九三五年以降のナチス期の国防軍が行ったような、全国一律の徴集はなされなかったのであるが。

軍隊と学校

一年志願兵制度が設置され、予備役将校への道が開かれると、学校までが軍隊の要求に順応し、生徒はすでに在学中から軍事的な考えや要請の下に置かれるようになった。この発展の背景にあったのは、一年間の兵役を一定水準の教育と結びつけたことであった。希望の資格証（「一年志願証」）を手にするためには、資格として認められる学業段階、すなわち中等教育を終了するか、将校も臨席する委員会の前で特別試験を受けて合格するかの、どちらかの条件を満たす必要があった（ただし、たいていは二つの条件がある程度組み合わさっていた）。一年志願証の取得は大変な魅力で、この資格が得られる学校はそのことを父兄に売り込み、校長は自分の学校をこの特権的な学校群に入れるよう当局に申し入れるほどであった。

一九世紀末には、一年志願兵制度は教育社会学的に見てきわめて重要な社会制度となり、その後の中等教育システム全体に甚大な影響を与えた。「一年志願」はそもそも教養層に対する譲歩として、一九世紀初頭の軍制改革者が考案したものであったが、今やそれは学校教育のレヴェルを示す証明書そのものになったのである。様々な職業において、就職を許可する前提として相応の資格証明が求められた。九年制の学校では、一年志願証は特別な試験を受けなくても比較的安易に取得できた。これを取得した者は、ある程度の威信に加えて、兵役中の様々な便宜も手に入れた。学業の成果と社会的尊敬は、この志願証を通じて、軍隊の世界への魅惑と不幸なかたちで結びついたのである。だが、生徒をはじめとする若

一年志願兵制度

者を軍隊が呪縛したのは、学校制度と兵役義務を通じてだけではなかった。現役を終えて民間で働く退役者もまた、若者に軍隊式の査察と習慣を馴染ませたのであった。

たしかに、すでに一八世紀において、たとえばプロイセン王フリードリヒ二世は、傷痍軍人用金庫の支出を減らすために、かつての兵士や下士官を意図的に下級行政職へ登用することがあった。だが、一九世紀後半以降に文字通りの扶養規定が大規模に実施されるようになると、この状況は一変した。今や傷痍軍人ではない下士官も、一二年の軍務を終えたのちに、文官の地位に就く資格を得たのである。一八七四年にこの状況に見合った改正法が公布されると、退役後に下級官吏になる長期兵役者の数は、目に見えて増加した。この規定については多くの批判があったが、軍隊は自らの利害に沿ってこれを絶えず維持し、発展させた。その結果、ついには国家レベルでも地域レベルでも、軍人出身でない候補者が文官として任官するのは、下級職ではほとんどまったく不可能に、中級職でもきわめて困難になってしまった。秩序・時間厳守・絶対服従を旨とする軍隊の紀律は、下級官吏が身につけるべき優れた特性と見なされたため、退役軍人による末端行政の独占は、好意的に受けとめられた。軍人出身の官吏は、軍隊社会の厳しい思考様式をもち込んだ。彼らの国家秩序観において、行政は軍隊の前庭であり、土台でなければならなかったのである。

社会の軍事化

軍隊の思考様式を市民生活にもち込むこと、すなわち社会の軍事化が可能となったのは、ひとえにこの現象が市民の側から熱狂的に受け入れられたからである。さらに加えて、軍隊の優位を保証してつねにそれを再生産する社会的基盤が存在したからであった。将校団は国家第一の身分として、物腰、態度、言葉遣い、思考様式のいずれにおいても、市民層や高等教育を受けた人々にとって模倣の対象であった。これを象徴したのが予備役将校であった。そこには、古典的自由主義の政治文化の退潮を見ることができる。国民が陶酔感に満ち、ビスマルクがボナパルティズム的な駆け引きをしていた段階や、その後の数十年間のように帝国主義的な権力欲にとりつかれた時代のなかで、古い政治文化が衰退したのである。一八八〇年代以降、予備役将校は市民世界における軍事的な思考や態度の代弁者になった。それだけでなく、教養市民層が軍隊の成功と美しい容姿を分かち合うようになると、予備役将校は軍隊と社会の表向きの和解をも体現したのであった。

在郷軍人会と予備役兵団体

軍隊への熱狂を如実に示したのは、一八七〇年以降に相次いだ在郷軍人組織の設立である。在郷軍人会（Kriegervereine）と予備役兵団体（Reservistenverbände）

は雨後の竹の子のように現れた。反社会主義感情を伴った保守的な基本姿勢を背景にして、これらの団体では軍隊時代の習慣と交友関係が大切に保持されるとともに、構成員自身の軍隊時代が讃えられ、統一戦争での従軍が美化された。軍隊とその力で達成された勝利は、公的祭典のなかできわめて重要な位置を占めた。ほんの些細な機会ですら、軍隊はきらびやかな自己演出をして、国民的シンボルと軍事的シンボルを緊密に絡み合わせた。パレードや行進の際には都市や街路が飾りつけられ、兵士は観衆から熱狂的に祝福された。軍事的なものは、公的空間にも私的空間にもはっきりと刻み込まれていた。特にフランスに対する勝利を象徴したセダンの日は、まもなく国民的祝日になり、不幸なことに帝国創建と軍事的勝利を同じ文脈のなかで表現したのである。

人々を軍事化し官憲の支配に服従させた結果、第二帝政期には経済や技術の領域で近代化が進んだにもかかわらず、社会や政治の発展は大いに損なわれてしまった。その原因は何かといえば、政治的要因と憲法的要因が不幸なかたちで結びつき、軍隊を市民化することにも、軍隊を市民社会から引き離すことにも、ともに失敗したからであった。第一次世界大戦前夜の政府や軍部首脳は、こうして軍事的対決という一か八かの賭け――始まった戦争はやがて地球的規模に拡大した

——に出たのである。権力の中枢にあった旧エリートは圧迫感を募らせ、敵視していた国内勢力に、とりわけ政治参加と民主化を要求した社会民主主義者と労働者階級に、包囲されていると錯覚した。さらに彼らは、ドイツがヨーロッパのなかで孤立し、素人外交の結果、外敵の脅威にさらされていると信じた。以前の数十年間と同様に、彼らは今度もまた、自分たちがしでかした内政や外交の問題を軍隊が解決してくれると期待したのである。しかも、警告や危険な兆候があれほどあったにもかかわらず、まさに一八六四年、一八六六年、一八七〇年の迅速な勝利が、政府や軍部首脳に危険な幻想を、すなわちもう一度短期の限定戦争をして勝利が得られる、という幻想を呼び覚ましたのであった。

一九世紀を動かした巨大な力は、工業化とナショナリズムであった。これらは従来にないやり方で住民と国民経済を戦争目的に動員し、第二の三十年戦争でその破壊的効果を発揮したのであった。

第Ⅱ部　研究の基本的諸問題と動向

第一章　専門分野としての軍事史

専門分野としての軍事史の歩み

本叢書の他巻の多くは、具体的なテーマに即した領域を扱うため、それぞれのテーマに応じて個別諸問題に関する研究成果を概観すればそれで十分である。だが本書では本来のテーマである「一九世紀における軍隊と社会」に関する個別諸問題に加えて、歴史学の下位分野をなす「軍事史（Militärgeschichte）」研究そのものについても、その概略と研究史を述べておかねばならない。

軍事史という専門分野には独自の歩みがあり、それと関連した独特のテーマや概念が存在する。またとりわけ、軍事史関連のテーマを一般の歴史学がどう取り上げるかは、それぞれの時代や立場によって異なっている。軍事史研究の状況と学界での議論はこれらの事情にじかに左右されているのである。一八世紀後半から一九世紀初頭にかけては、ヨーハン・ヴィルヘルム・アルヒェンホルツ（一七四三〜一八一二）やヨーハン・フリードリヒ・フォン・デア・デッケン（一七六九〜一八四〇）、アントン・バルタザール・ケーニヒ（一七五三〜一八一四）などのように、主として現役または退役の軍人が個々の戦争を論じた。これらの先例がすでにあったとはいえ、戦争や軍隊の諸形態が体系的に論述されるようになったのは、一九世紀の改革時代のことであった。すなわち、改革の精神に貫かれた将官や軍事当局が、士官候補生や幕僚将校への学問的な軍事教育の一環として過去の戦争理論の知識を伝授し、戦術や作戦計画の立案と遂行、戦略議論を教授し始めたのである。一九世紀のドイツ諸邦国では、参謀本部の指揮監督の下にそれぞれ戦史室が設置され、それによって軍事に関する教育と研究はある程度専門化されるようになった。なかでも一八一六年に創設されたプロイセン（のちにはプロイセン＝ドイツ）大参謀本部戦史室は、帝政期に入ると程なくして圧倒的な影響力を誇るようになった。ベルリンの戦史室は組織の上では参謀総長に直属し、図書館と文書館を独自にもった。戦史室専属の将校に加えて、教育のために二年間だけ配属された青年将校や、文官、退役将校も合わせると、第一次世界大戦直前の戦史室の人員はおよそ百名を数えた。この人的・物的資源だけをとってみて

参謀本部戦史室

戦史

も、プロイセンの戦史室はドイツ帝国のなかで群を抜く例外的存在であった。実際その出版活動はいたって旺盛で、刊行された単行本や叢書、史料集、雑誌は圧倒的な数に及んだ。一般に「戦史（Kriegsgeschichte）」と呼ばれるこの学問領域は、一八、一九世紀の戦争や戦役をテーマにし構想するものであったが、その叙述はもっぱら戦略や戦術の観点からなされ、非軍事的要因はほとんどすべて省略された。したがってそれは、歴史との関連が不足したことを明示しようとするなら、戦史というより兵学（Kriegskunde）と呼ぶ方が適切かもしれない。特に関心が集中したのはフリードリヒ大王の戦争で、これと比較すると一九世紀の戦争はかなりなおざりにされ、詳しく扱われることはほとんどなかった。研究活動や出版活動は、歴史学の批判的方法ではなく、将校教育への応用を目指すものであった。とはいえ戦史室の刊行物は、第二帝政末期までに次第にその性格を変化させ、ある程度ではあるが、歴史学の学問的基準を形式的に満たし、緻密な研究手法を取り込むようにもなった。

戦史室の著作物は、軍事学校でなされる将校の職業教育のために用いられた。また、軍の伝統を創り、兵士を知的に武装させるのにも大きく貢献した。他方その刊行物は、軍の公式見解としての性格を備え、その成果は正統学説になった。

したがってそれは、軍事教育の媒体としての側面と、政治信条を論じ公にする場としての側面とを併せもっていたのであり、両者の間で揺れ動くアンビバレントな性格を強めることになった。

軍隊の自己表現と解釈の独占

帝政期の軍隊は、国家と社会のなかで卓越した地位にあったことから、戦史室は軍隊の自己表現のために利用された。それとともに参謀本部は、職業軍人として実際に戦争を経験しているという理由から、また専門エリートとしての自意識も手伝って、自分たちだけが戦史の諸問題を解釈できると主張した。制服を着た著述家である彼らの揺るぎない原則に従えば、自身で従軍した経験をもつか、少なくともそれに相当する軍事教育を積んだ者だけが、戦争について著すことができるし判断もできるのであった。こうした考えは今日から見るとまことに奇妙であるが、当時は一般社会も歴史家も、基本的にこの考えに疑問を抱かなかった。とりわけ帝政期において、既存の大学の歴史学は、軍事史のテーマが歴史一般にとって重要な領域であることを認めず、こうした態度は一九二〇年代にもまだ続いていた。それを物語るのがハンス・デルブリュック（一八四八〜一九二九）の事例である。彼は大学で軍事史を講じ、カール・フォン・クラウゼヴィッツ（一七八〇〜一八三一）の流れをくんで、戦争と政治の相互関連を究明しようとした数少ない歴史家の一人であったが、そのデルブリュックは一八八〇年代に、まさに軍事史に携わったがゆえに大学では異端者扱いされたのである［75: B. R. Kroener, Kriegsvolck; 66: W. Deist, Delbrück; 64: A. Bucholz, Delbrück］。参謀本部はもともと、軍人ではない一般の歴史家による軍事史研究を、基本的に懐疑の目で見ていた。それゆえ、軍隊に批判的な目を向け、軍隊と社会、政治、経済との絡み合いを批判的に研究した場合には、激しい抵抗に遭うのは必定であった。一八九〇年代にドイツ帝国の軍国主義を告発したルートヴィヒ・クヴィッデ（一八五八〜一九四二）、一九二〇年代に第一次世界大戦前の海軍を研究し、艦隊政策と経済的利害の相互関係を明らかにしたエッカルト・ケーア（一九〇二〜一九三三）といった歴史家たちは、敵視されただけでなく、研究を公刊したことにより大学で講座をもつ見込みも奪われたのであった。

制服組の戦史家たちと、保守的な国民国家の原則にとらわれた、既存の大学の歴史家たちとの同盟は、軍事史研究に災厄をもたらした。大学の歴史家たちは、軍事史を主題にして学問的な考察を加えることには関心を払わなかったし、ましてや、既存の知的枠組みから軍隊を解き放って研究の対象にすることなど、論外であった。どのような時代を研究対象にしていようとも、軍事的敗北を叙述したり、君公や将軍たちの戦略や戦術の過失に歴史学の批判的分析を加え、公表することや、軍備と補給の不足を研究テーマにしたり、軍隊の存在や創建が社会と経済に与えたネガティヴな影響を分析することなどは、帝国における軍隊の威信を損ねるだけでなく、軍隊に基礎を置く政治＝社会秩序を問題視する恐れがあったのである。

もとより戦史室が戦争の解釈を独占したのは、一連の激しい論争の結果であった。具体的には、一八八〇年代にデルブリュックとその敵対者たちの間で、フリードリヒ二世の戦略構想の歴史的な位置づけや、その批判的な解釈をめぐって争われた論争を挙げることができる。また一九三〇年代後半には、政治と戦争指導の機能の関連をめぐって激しく議論された。

国防史

その後ナチスの時代になると、軍事史は「国防史（Wehrgeschichte）」の名の下に民族至上主義《フェルキッシュ》的な解釈の型にはめられ、政治目的に供せられた。第一次世界大戦後、一群の若い歴史家たちはデルブリュックやカール・デメター（一八八九～？）にしたがって、政治史や経済史、社会史といったより広い枠組みに軍事史を統合しようと試みたが、ナチスの下で彼らは亡命を余儀なくされた。

ＭＧＦＡとＭＧＩ、致命的な分業体制

第二次世界大戦後、西ドイツでは一九五七年に軍事史研究所（Militärgeschichtliches

Forschungsamt：ＭＧＦＡ）がフライブルクに設立され（現在はポツダムに移転）、東ドイツにも軍事史研究所（Militärgeschichtliches Institut：ＭＧＩ）がポツダムに創設されたが（この研究所は一九九〇年に廃止）、帝政期に始まった軍事史の致命的な分業体制は、これらの研究所でも継続されることになった。この体制において、大学の研究者は軍隊全般を研究することも、個々の戦争や武力行為に関心を示すこともなく、軍事史研究は再び、軍人ならびに軍事史研究所に所属する歴史家によって、ほぼ独占されたのである。たしかにＭＧＦＡは国内外で評判が高かった。研究室はリベラルな雰囲気に満ち、文筆する将校に加えて民間の研究者も数人加わり、新しい構想の軍事史研究が推進された。しかしながら、分業体制という点では以前と変わらなかったのである。それでも、戦前の戦史や国防史から意識的に距離をとったＭＧＦＡの軍事史研究は、国制史や経済史、社会史の問題設定を取り込むだけでなく、歴史学の批判的方法にも基づきながらその内容を充実させていった。

一九四五年以降の軍事史の構想

この軍事史においては、とりわけ次の二つの研究姿勢が支配的であったとされる。一つは軍隊を社会的大集団としてとらえる姿勢で、その際、マクロの視点に立った場合には、軍隊の組織形態やその集合的行為が考察対象となり、ミクロの視点の場合には、小空間の事例研究を通じて、軍紀の下にあった個人の現実生活の再構成を目指した。第二のスタンスは、戦時ならびに平時における軍隊と、政治、社会、経済の諸要因との相互作用に着目するというものであった［93: R. Wohlfeil, Wehr-, Kriegs- oder Militärgeschichte, 28f.］。

ＭＧＦＡは、設立以来数十年にわたって膨大な数にのぼる出版物を刊行した。ハンドブックでは、とりわけ数巻に及ぶドイツ軍事史研究入門［44: Militärgeschichtliches Forschungsamt］を編集し、授業用教材として軍事史概要［47: K.-V. Neugebauer, Grundzüge］も公刊した。叢書や雑誌も数多く刊行した。なかでも、軍事史雑誌〈Militärgeschichtliche Zeitschrift：旧称は軍事史学報〈Militärgeschichtliche Mitteilungen〉〉は、ひときわ重要な役割を果たして現在に至っている。これらに加えて、国内外で研究会議を幾度も開くことにより、ＭＧＦＡはあまたの新しい認識や知見をもたらしたのであった。長い間、そこでの研究は第二次世界大戦に重点が置かれ、その予備考察としてヴァイマル期の国防軍（Reichswehr: 1919-35）の研究も進められた。これに対して、第一次世界大戦と帝政期の軍隊については研究が手薄で、一九世紀初頭、ましてや近世の軍事史についてはほとんど関心が寄せられなかった。ここ十年来は研究所の方針として、戦後史、つまりドイツ連邦軍ならびに国家人民軍の歴史や、国際的安全保障政策の基本的諸問題が重点テーマになっている。

MGFAはこのように瞠目すべき成果をあげ、国内外から高い評価を得た。帝政期やナチス時代の、多分に問題があった研究の歩みと比べると、この研究所はまさしく「センセーショナルな、いや革命的な進展」[92: W. Wette, Militärgeschichte, 62]を軍事史研究にもたらしたのであった。しかし、それにもかかわらず、当時のMGFAを規定した環境はそれ以上の自由化や多極化を許さなかった。MGFAは軍事史研究のための独立した学術機関ではなく、あくまでも連邦国防省の指令に直属する軍隊の機関であり、職業将校によって指導された研究所だったからである。したがってこの機関は、二つの意向の緊張関係にさらされることになった。すなわち、一方では連邦共和国基本法が保証し、国防省も繰り返し表明した学問と研究の自由があり、他方では、この研究所が軍隊の委託機関である以上、出資者である連邦軍の意向——軍に有用な、とりわけ若い将校の育成に有益な研究成果、総じて部隊の教育・対外的宣伝、伝統形成に活用しうる研究成果を求める意向——が当然存在し、MGFAは両者の狭間で揺れ動いたのである。近年では軍への予算が削減され、さらに連邦軍に新たな任務や新たな地域への出動が要請されたこともあり、異なる二つの方針を抱えたMGFAは、知的な政治諮問機

MGI

関としての方向性を強く打ち出しているように思われる。MGFAが軍事機関としての性格を備え、特殊な構造と任務をもった結果として、大学で議論される最新の認識論や方法論はなかなか受容されず、されたとしても非常に限定的なものになってしまった［94: R. Wohlfeil, Militärgeschichte, 330］。一九五〇年代後半や六〇年代に展開された軍事史の構想が、多くの点で新たな地平を切り開き、一九世紀以来の悪しき伝統と訣別したことはたしかである。ただし、この構想を実践し、そのためにいっそうの発展が必要とされるようになると、乗り越えがたい限界が存在したのであった。この点については、のちほどまた述べることにしよう。

旧東ドイツでも、一九五〇年代の再軍備の過程で専門分野としての軍事史研究が立ち上がり、それは軍隊の管轄下に置かれた。一九五八年には、様々な研究グループを糾合してMGIがつくられ、国家人民軍の所属機関となった。ここでもまた、まず新しい軍事史の構想をめぐって議論が闘わされ、従来の研究姿勢からの脱却が目指された。今後の軍事史研究で問われるべきは「社会的諸関係の産物としての戦争、社会的諸勢力による政治の延長としての戦争であり、戦争はもはや、武力闘争という主要メルクマールだけに限定して理解されない。また軍隊は戦時や平時における社会の一部でありその中にあるのだから、問われるべきは軍

マルクス＝レーニン主義の軍事史

隊が社会の中に占める位置や役割であって、武力闘争の中にある軍隊だけではない」［63: R. Brühl, Neubeginn, 306f.］とされた。とはいえ旧東ドイツの軍事史研究は、目的論的なマルクス＝レーニン主義の歴史アプローチに完全に縛られており、政府の政治的意図と指導原則に供せられていた。政府は、歴史像と歴史学を意識的に体制正当化のために利用したのである。こうして東ドイツの軍事史研究は、軍部の影響をじかに受け、彼らに都合よく認識されたり利用されたりしただけでなく、とりわけ東ドイツ政府の政治状況に左右されることにもなった。東ドイツの建国当初はいわゆるドイツの悲劇テーゼ（Misere-Theorie）がなお支配的であったが、やがてそれは二つの路線テーゼ――このテーゼによれば、西ドイツは反動的な歴史発展の路線を、東ドイツは進歩的な路線を体現するとされた――に取って代わられた。一九八〇年代になると、遺産と伝統という考え方が標準見解になった。遺産とは、様々な矛盾に満ちたドイツ史の総体であり、伝統とは、東ドイツが拠って立ち、それがゆえに保ち続けてもいる歴史的発展過程のことと理解された。この背景の下で、以前は反動精神のもち主として激しく批判された、軍人をも含む一連の歴史的人物が肯定的に描かれるようになった。プロイセン国王を取り巻いた様々な将軍たちであれ、フリードリヒ二世、あるいはビスマルクであれ、彼らについての精力的な人物研究がなされただけでなく、幅広い再評価もまた新たに行われたのである。その結果、彼らの多くは「所属階級の悲劇」にもかかわらず、ブルジョワ的＝進歩的と見なされたのであった。したがって、一九世紀に関しては、一八〇六年以後のプロイセン軍制改革が程なくして重要な役割を帯びるようになった。現に、東ドイツ政府ならびに国家人民軍指導部は、この改革活動の伝統にはっきりと拠り所を求めており、たとえば国の最高の軍事勲章は、改革者の一人であるシャルンホルストの名をとって命名されたのであった。

ＭＧＦＡと同様に、ＭＧＩもまた人的・物的に豊富な資源に恵まれ、書籍や叢書、雑誌を数多く公刊した。数巻編成の軍事史ハンドブックの計画は結局実現できなかったが、それでも二巻本の軍事史事典を世に問うことはできた［45: Militärgeschichtliches Institut, Wörterbuch］。

大学における軍事史研究の停滞

戦後の二つのドイツでは、一九九〇年代に至るまで大学の歴史家たちが、戦争や暴力、軍隊といったテーマにほとんど取り組まなかったわけだが、軍隊により組織されたこれらの研究機関の存在は、長い間彼らに逃げ口上を与えていたといえるかもしれない。これに加えて、後代へ大きな影響を及ぼしたと思われるのは、一九三〇年代、四〇年代に成年に達した世代の歴史家たちが――彼らの中に直接、間接にナチスと関わった歴史家がいたからにせよ、あるいはこの世代の歴史家たちが、物理的にも心理的にも戦争やナチスの犯罪の影響を受けていたからにせよ――、一九四五年以後、意識的にこのテーマから距離をとったことである。大学の歴史学に固有の科目体系の下、軍事史を名乗る講座はなく、それに伴って大学生の専門教育にも事欠いた結果、この欠陥は強固で恒常的なものになってしまった。かつての西ドイツには正規の軍事史講座が存在しなかったため、何十年にもわたってこの分野の評価は上がらず、軍事史教育への積極的取り組みもなされないままであった。

一九世紀史を扱ったハンドブックや概説書では、軍隊や戦争といったファクターが十分に論じられず――大部分は言及すらしなかった――、個々の戦争が研究テーマになることもなかった。せいぜい、それぞれの戦争の前史やその後の時代への影響、戦争の外交的・政治的関連を叙述するのが関の山であった。そのうえ、関心は一八七〇年代以降に集中し、しかもこの時期は第一次世界大戦の前史としか見なされなかった。このような怠慢の結果は歴然たるものであった。戦争を歴史的事象として理解することもなければ、戦争の暴力を社会的・文化的営みと見なすこともなく、軍隊を政治的、社会的、経済的に影響力の大きな集団として把握することもなかったのである。こうして、全体史の基幹をなすはずの軍事的なものは低迷を続けた。同時に、ドイツ特有の道やプロイセン＝ドイツにおける社会の軍事化といった、重要な学問的論争にとっても、実証的な基礎が欠けてしまったのである。

一九九〇年代以降の「新しい軍事史」

軍事史を歴史学の継子のように捉えるイメージは、一九九〇年代に終息した。ドイツの大学では、この時期に前例のない軍事史ブームが起こり、研究者や学生は、たちまちそのテーマへと群がるように殺到したのである。大学の歴史学と軍事史との間にあった垣根は、あっという間に取り払われた。その結果、軍事史のテーマは、大学の演習や講義でふつうに取り上げられるようになり、軍事史を扱う国家試験論文や博士論文、教授資格認定論文もまた無数に現れた。やがて数百人規模の会員を擁する研究会や学術団体が結成され、研究集会や論集、雑誌、その他の活動によりその存在を知らしめた。もっとも重要な研究団体を三つほど挙げると、すでに長い実績をもつ「歴史的平和研究会」（Arbeitskreis Historische Friedenforschung: www.afk-web.de）、旧ヨーロッパと一九世紀前半の研究をめざす「近世における軍隊と社会研究会」（Arbeitskreis Militär und Gesellschaft in der Frühen Neuzeit: www.amg-fnz.de）、一九世紀後半と二〇世紀に焦点をあてる「軍事史研究会」(Arbeitskreis Militärgeschichte: ww.akmilitaergeschichte.de)がある。

この注目すべき変化に至った原因はいくつかある。まず指摘すべきは、明らかな戦後世代で一九七〇年や八〇年代に成年を迎えた者たちは、戦争や暴力、軍隊といった対象に批判的であることには変わりがないとはいえ、以前の世代に比べてそれらを抵抗感なく論じることができた。これが第一の原因である。第二のそれは、一九八〇年代後半から九〇年代前半に始まった世界規模の政治変容、とりわけヨーロッパの政治変化によって、これまで信じられてきた真理の数々が粉砕され、東西両陣営の最前線のなかで快適に暮らしてきたドイツ人にとって、戦争と暴力が近隣諸国で生じるごく身近な問題になったことである。さらに、グローバル化した新たな世界状勢に伴い、ドイツ連邦軍は世界各地へ派遣されるようになり、これまでとはまったく異なる任務を帯びることになった。第三の原因は、学問市場の開放であり、そこに占めるシェアや市場の隙間をめぐる戦いである[80: D. Langewiesche, Kampf um Marktmacht]。その波は軍事史にまで、すなわちこれまで未開拓だった、歴史学の最後の大きな領域のひとつにまで押し寄せたのであって、今やこの領域は、専門分野特有の論理にしたがってある種の競争状態となり、新しいテーマと成果を求めて歴史家が群がることになったのである。大学

認識論と方法論の刷新

でのこうした動きに伴い、ポツダム大学には正規の軍事史講座が設置され、軍事史はいわば制度的に格上げされたが、これと時期的に並行するかたちで、MGFAは研究機関としての能力を低下させた。

大学の軍事史研究では、このように目立った活況が見られたわけだが、その結果であり副産物でもあったのは、認識論と方法論が刷新され、それによって構想とテーマの両面において軍事史が拡大したことであった。この事情は現在でもなお変わらない。軍事史の叙述は何十年もの間孤絶していたために、歴史学全体が示した怒濤のような進展とその理論的な議論から置き去りにされざるを得なかった。それゆえ、一九五〇年代や六〇年代のMGFAでいち早く導入された構造史的アプローチや歴史学の批判的方法は、やがて時代遅れなものになってしまったのである。史料を読み解く技術が、過去の客観的構造の再現という作業をはるかに越えてゆかざるを得なくなると、この傾向はますます強くなった。「軍事史の中には、かつての歴史家にとって自明であったような、歴史的方法を狭くとらえる考え方がある。その結果、できる限り大量の史料を積み上げれば学問的客観性が増すと固く信ずるようになり、さらには、軍隊に由来する半ば公式の文書を長い間特権扱いすることにもなってしまったのである」[78: T. Kühne/ B. Ziemann,

新しい軍事史

Militärgeschichte, 19]。

従来の軍事史から意識的に距離をとり、今や「新しい軍事史」とも呼ばれるようになった研究は、多くの点で新境地を開いている。第一にそれは、まったく新しいジャンルの史料を、特に軍隊や行政からは縁遠い、公的性格の少ない史料を利用している。第二に、文化論的転回の結果として歴史学全体で研究の焦点になった主観的世界解釈——それは認識、記憶、経験といった文化史的な現象の中に現れる——の問題を射程に入れる。第三に、言語によるコード化の問題やアイデンティティ構築の問題(7)など、方法的に手間のかかる認識論的方法を受容している。第四は、文化人類学や社会学、心理学などからの理論の借用で、たとえばミシェル・フーコー、ピエール・ブルデュー、ノルベルト・エリアス、ニクラス・ルーマンの構想が援用されている。そして第五に、軍事史のテーマ的拡大をあげることができる。今やそれは、ミクロの歴史、日常史、ジェンダー史、文化史といった領域をも対象にする研究分野なのである。

近年のこのようなダイナミックな発展は、まだ完結していない。今後、若い世代の研究者たちはどれほど持続的にこのフィールドを開拓してゆくだろうか。軍事史の研究成果や新しい視点は、今後継続的に歴史学全体の体系の中に取り込まれてゆくだろうか。それとも、今やその相貌を一変させたとはいえ、歴史学の下位分野としての軍事史は、引き続き影の存在であり続けるのだろうか。現時点ではまだこれらについては分からないが、これまでのところこのブームから豊かな成果が得られたのは、特に近世と二〇世紀に関する軍事史研究であり、一九世紀史はこうした動向からやや外れていたように思われる。

第二章　長い一九世紀の軍隊と戦争

1　改革前の改革（一七六三〜一七八九年）

ユートピア的平和思想

啓蒙の研究書は書棚に満ちあふれているけれども、戦争や軍隊というテーマをそれらが正面から論じることはこれまでほぼ皆無であった。たしかに、哲学や理念史の分野では、偉大な平和思想を論じた一七一三年のサン＝ピエール師（一六五八〜一七四三）の著作や一七九五年のイマヌエル・カント（一七二四〜一八〇四）の論文についての研究が膨大にある。また、国際法を通じて国家間の交渉を規定し、軍事力を制御しようとした啓蒙主義者の試みについても数多くの研究がある。しかし、社会史的視点や、特に啓蒙の過程に果たした軍隊社会の積極的役割について、あるいは啓蒙運動やその改革案の目標・対象としての軍隊については、ほとんどつねに等閑視されてきた。この点を力説するD・ホーラートの指摘はまことにもっともである［72: Spätbarocke Kriegspraxis, 5f.］。軍人、特に将校は啓蒙の議論に参与したのであって、彼らは自ら著書や雑誌論文を執筆し、啓蒙の結社や読書協会の一員であった。将校の文筆活動については、一通りの記述があるとはいえ［14: M. Jähns, Geschichte der Kriegswissenschaften; 96: O. Basler, Wehrwissenschaftliches Schrifttum; 140: U. Waetzoldt, Preußische Offiziere］、今後の解明の余地は大いにある。

軍隊の啓蒙の日常

特に、軍隊の啓蒙は、主として連隊のレベルで、ないしは駐屯都市のなかで日常的に実践されたのであって、それらの場で将校は、自分たちの読書協会や軍人ロッジを創ったり、既存の都市の啓蒙組織に参加したのである。いずれにしても、H・T・グレーフが言うように、一八世紀末には「市民的＝都市的な文化様式」がますます将校団に浸透した［225: Militarisierung, 105］。さらなる知見が期待されそうなテーマとしては、第一に出版物の予約注文者リストの調査、第二に駐屯都市のミクロ研究（駐屯都市は相応の社会的・知的環境を備えていた）、そして第三に、将校についてすでに得られたプロソポグラフィカルなデータと、啓蒙結社のメンバー表との比較研究がある。もう一つのアプローチは、後期啓蒙に参与した個々の将校の伝記的研究である。多くの場合、彼らは市民身分の出身者で、科学技術の素養を要する兵科であった砲兵隊に所属した［19: J. Kunisch/ M.Sikora/ T. Stieve, Scharnhorst; 109: D. Hohrath, Bildung des Offiziers; 110: J. Hoffmann, Jakob Mauvillon; 112: O. Jessen, Mars mit Zopf; 129: E. Opitz, Berenhorst; 128: E. Opitz, Scharnhorst］。

具体的な施策や改革の提案も多分に将校の活動に負っている。連隊図書館や他の軍隊付属図書館の設立、連隊学校や駐屯地学校、軍事アカデミーの創設といったテーマは、これまで表面的にしか研究されておらず、とりわけ古い文献は、そのほとんどが制度史的な側面だけで終わっている［53: B. v. Poten, Geschichte; 105: R. Fritze, Militärschulen; 126: W. Neugebauer, Truppenschef］。D・ホーラートが強調するように、軍人の職業教育はこうした知的運動に伴って、次第に学問的な色彩が強くなっていったのである［72: Spätbarocke Kriegspraxis, 28-32］。彼によれば、工兵と砲兵に必要とされた軍事技術系の諸学こそが、啓蒙の軍事学の核をなしたのであって、さらにまた、長足の進歩をとげた築城学において、指導的学問たる数学が模範としての役割を果たしたことも、明らかであるという。

啓蒙の軍事学

啓蒙と軍隊というテーマでこれまで研究対象になったのは、次の三点である。その第一は、啓蒙によって追求された軍人の行動規範の解明である。この行動規

行動規範と美徳

範は、兵士と将校のいずれにも求められ、広い範囲に及ぶものであった。第二のテーマは、戦術と戦闘方法に啓蒙が及ぼした影響である。そして第三に、祖国愛をめぐる議論との関連で同時代人が厳しく浴びせた、軍隊批判の問題が挙げられる。M・ジコラが究明したように［137: Veredlung des Soldaten］、軍隊の啓蒙家たちは、ローマの紀律と市民的美徳に基づいた行動規範を提起し、この規範によって兵士は「気高く」なるとされた。将校に対しては名誉概念をめぐる議論を通じて、一般兵卒に対しては動機づけと教育を図ることで、軍人としての精神を鼓舞するというのが彼らの主張であった。フランスに関しては、啓蒙の実際的な影響が、たとえば軍隊の専門職化の過程であるとか、将兵の道徳的向上や売官制の廃止といった問題を中心に、かなり精力的に研究されたのに対して、ドイツのいわゆる「改革前の改革」の研究は、一八〇六年がプロイセン史の画期をなしているだけにすこぶる低調である。というのも、この画期の前後の落差があまりにも大きいがゆえに、偉大な軍制改革以前になされた試みは、軽視され、または否定的にすら評価されてきたからである。一八世紀末の開明将校による改革活動については、B・R・クレーナーなどのごくわずかな研究があるにすぎない［115: B. R. Kroener, Aufklärung und Revolution; 136: D. E. Showalter, Hubertusburg］。

戦闘行為の法的規制と人道化

啓蒙の理念を基礎にした戦略・戦術上の変化を説明するのは、M・リンクとJ・クーニッシュが考察した「小さな戦争」論である［117: J. Kunisch, Der kleine Krieg; 133: M. Rink, Vom „Partheygänger"］。一八世紀末の数十年間、啓蒙知識人の言説は次の二つの方向へ向かった。一つは、戦闘行為にさらなる法的規制を加えてこれを人道化しようとする方向で、議論はそれどころか、理性的な政治を通じた戦争の回避にまで及んだ。さらに、軍人職の専門職化や、将校とできるだけ多くの一般兵卒に対する道徳的啓蒙が、いっそう進展するよう求められた［118: Kunisch, „Puppenwerk"］。また、市民の経済生活の領域にあまり悪影響を与えないような、軍隊の柔軟な編成が議論された。もう一つは、次第に激しさを増した後期啓蒙主義者の社会批判が、軍隊改革の提案と組み合わさって「鎮められたベローナの解放」（クーニッシュ）へと向かったことである。たとえばT・アプトは、すでに七年戦争中に「祖国のための死」を特別に崇高な義務と述べ、祖国愛運動の衣装をまといつつ、戦闘者の質ならびに量の拡大に賛意を示した［1: Vom Tode für das Vaterland］。社会秩序を批判すると同時に政治参加を要求する動きが、軍制や戦闘方法に対する過激な改革提案と連動していたことは、今や明らかになっている［132: Pröve, Stadtgemeindlicher Republikanismus, 121-130］。

鎮められたベローナの解放

2 革命と改革（一七八九〜一八一五年）

フランス革命からヴィーン会議までの時期については、研究の重点が三つほどある。フランスにおける革命的諸事件とナポレオン戦争、解放戦争、そしてプロイセン軍制改革である。

ヨーロッパ中心的視点、国民国家的視点の克服

革命戦争や対仏同盟戦争は長い間、とりわけフランスの国民史的な歴史叙述のせいもあって、やや一国史的に考えられてきたけれども、近年ではヨーロッパ規模はおろか世界規模での相互関連がいっそう明らかにされ、フランスの危機の構造的背景や、ほぼ三十年に及ぶヨーロッパ戦争あるいは「世界大戦（一七八七〜一八一五）」のもっと根本的な諸原因が考察され、議論されるようになった［98: T. C. Blanning, Ursprünge; 104: S. Förster, Weltkrieg］。これとの関連でS・フェルスターは、ヨーロッパ中心的で国民国家的な歴史観からの脱却を提案し、「ヨーロッパ世界と非ヨーロッパ世界との間の相互作用、そして世界の緊密化が、グローバルな戦争をはじめて可能にした」とのテーゼを打ち出した。軍事史研究はこれまでずっと、個々の戦役や戦闘、同盟や和平締結に焦点を当ててきたが、最近では世

界的規模の考察を通じて、フランスの政治改革や軍制改革が十全に研究され、革命的戦闘方法や新しい軍制に関するフランスの構想もまた、よく分かるようになってきた。ドイツでは特に、フランスの形勢を同時代人がどう認識したか、そして彼の地の新しい理念や制度をドイツへ移入する初期の試みはどうであったかという問題について、考察と議論がなされている。

戦争のイデオロギー化

実際の軍制改革や、国家と軍隊の根本的変容といったテーマとならんで、戦争のイデオロギー化、そして革命のさらなる急進化の問題が、研究者の関心を集めてきた［103: E. Fehrenbach, Ideologisierung］。ドイツでなぜ革命が起きなかったのかという問題は、これと関連する［131: V. Press, Revolution］。とりわけ刺激的な研究テーマは「革命精神から生じた戦争の再生」である。というのも、ほんの数年前まで啓蒙の人道的理想を唱えていたのと同じ世代の者たちが、今や戦争を肯定したからである［116: W. Kruse, Erfindung; 120: J. Kunisch/H. Münkler, Wiedergeburt］。つまり「戦争賛美が、永久平和というかつてのユートピアを周縁へ押しやった」のである［57: E. Wolfrum, Krieg und Frieden, 49］。

戦争と革命の機能関連

この点と関係するのが、戦争と革命との機能関連の問題である。反革命と外国勢力がフランス革命の成果を脅かしていたのだから、フランスの恐怖政治と内戦の発生は正当化される、というのが社会主義的歴史家の見解であるのに対して、リベラルな立場の者は、恐怖政治の方がむしろ革命にとってはつねに脅威だったのであり、戦争はこの恐怖政治の結果であると見なした。E・ヴォルフルムが的確にまとめているように、一七九二年の戦争責任の問題は「つねに、戦争が国内政治上果たす機能の問題と連結していた」のであって、この問題は、革命のこの段階をどう評価するかによって答えが異なるという。「戦争と革命が互いに影響し合っていたことは明らかであり、また革命家の目にも戦争は、国内の社会的・政治的緊張関係のはけ口であった」[57: Krieg und Frieden, 51]。

結節点としての解放戦争

一八一三年から一八一五年までの解放戦争（Freiheitskriege）は「近代のドイツ国民史の結節点となる出来事」（O・ダン）であり、ドイツ国民の出自神話である。戦争そのものに対してはいくつかの異なる解釈が存在するが、この出来事を重大視する基本認識には差異はない。第一の解釈は、この戦争を「自由独立のための戦争（Freiheitskriege）」と呼ぶ自由主義者の立場で、憲法制定の約束に引きつけて出来事をとらえ、「ドイツ国民」の理念にその推進力を見る見解である（ロテック、マイネッケ、シュナーベル）。第二の解釈は、解放戦争を「外国支配脱却のための戦争（Befreiungskriege）」と呼ぶ国家寄りの保守的な見方で、

解放戦争の国民史的解釈

事件の主導者を君公や将軍と考える立場である（トライチュケ、ランケ、リッター）。解放戦争を「人民の戦争」として評価するマルクス主義的解釈は、長い間、第三の解釈として通用した。それによれば、主として都市と農村の下層民が積極的にこの戦争に関与したとされた（エンゲルス、メーリンク）。やや昔ではあるが、H・ベルディンクは解放戦争に関する研究史の状況を綿密に考察した。そのなかで彼は、上記の三つの解釈に加えて、リベラルな見解をさらに急進派と穏健リベラル派とに分け、四つの基本的立場を析出した［97: Das geschichtliche Problem］。

解放戦争は、国民史的な歴史解釈の上で重大な出来事であったことから、一九世紀全体、そして二〇世紀初頭に膨大な研究が積み重ねられ、出版物は相当数にのぼった。特に百周年記念にあたる一九一三年には、歌集や呼びかけ文などを含んだ史料の編纂が大々的に行われ、研究書も多数公刊された。一九三〇年代と四〇年代には、さらに精力的な研究活動が続いたが、その際には見え透いた目論見から、解放戦争当時の人々の特別な献身ぶりや祖国愛あふれる心情が研究対象に選ばれ、描かれた。西ドイツでは第二次世界大戦後になってようやく、解放戦争への関心はいったん明らかに弱まったが、K・ハーゲマンが強調するように［296: „Mannlicher Muth"］近年では関心が再燃している。長い間、解放戦争研究においては政治史や軍事史のアプローチが支配的であり、また研究の焦点は、同時代人の熱狂を巧みな記述で際だたせることに向けられてきた［141: E. Weber, Lyrik der Befreiungskriege］。そのような熱狂が本当にあったのかどうか、根本から問われたこともたしかにあったが［55: H.-U. Wehler, Deutsche Gesellschaftsgeschichte, Bd.1, 525; 102: J. Echternkamp, Aufstieg, 216］、しかし現在の学界で総じて優勢なのは、どのような種類のものであれ、当時の人々は積極的に関与したという見解である。それゆえ研究の中心になっているのは、熱狂が社会的にどの程度まで及んだのかという問題や、人々の「意識態」の問題［111: R. Ibbeken, Preußen; 125: Münchow-Pohl, Reform und Krieg］、さらに祖国愛＝国民的言説の分析といった問題である。日常史や、とりわけ最近ではジェンダー史（K・ハーゲマン）といった新しいアプローチの導入により、解放戦争研究は新しい次元に入っている。また近年では、プロイセン中心史観の土台が大きく揺らいでおり、特殊プロイセン的なものの不用意な一般化に対しては警鐘が鳴らされている。たとえば南ドイツでは、戦争とナポレオンによる占領が、プロイセンとはまったく違って認識されており、解放戦争もまたプロイセンとはおよそ異なる次元で理解されていた。これなどはプロイセン中心史観を相対化する好例といえよう。さらにH・カールが強調するように、いずれにしても実際の出来事やそれに対する同時代人の認識はもはや重要性を失い、それに代わって「解放戦争の神話」に関心が向けられるようになった。この神話こそ、国民意識の紐帯として、国民形成にあたって中心的な役割を果たしてきたものである［100: Mythos］。

軍制改革と一八〇六年の断絶

一八〇〇年前後の時期に関する軍事史研究は、圧倒的に軍制改革と関連づけて考察されてきた。一八〇六年という年は、長い間プロイセン研究にとって無条件の画期であった。歴史家が改革前後の落差を強調し、それ以前の時期を暗黒時代に描けば描くほど、全体的にはプロイセン改革の、個別的には軍制改革の意義が高く評価されたのである［35: E. Fehrenbach, Ancien Régime, 235-242］。一九世紀において、さらには二〇世紀の長い間にわたって、一八〇六年以前の改革活動の重要性に着目した者は、ごくわずかにとどまる［107: C. v. d. Goltz, Rossbach und Jena. 102-173; 108: H. Händel, Gedanke der allgemeinen Wehrpflicht］。近年ようやく、イエナ＝アウエルシュテット前の二十年間についても精力的に研究されるようになった［197: D. Walter, Preußische Heeresreformen, 244-247］。二〇世紀に至るまで、軍制改革研究は伝記的・理念史的アプローチが主流であり、改革を担った将帥たちの伝記や自伝的著作の編纂が、長きにわたって研究の水準を代表してきた［シャルン

伝記的アプローチ

ホルストについては123: M. Lehmann, Scharnhorst; ボイエンについては124: F. Meinecke, Leben; グロルマンについては6: E. v. Conrady, Leben und Wirken]。一九四五年以後、軍制改革とその著名な改革者たちは、ドイツ連邦軍と国家人民軍の始祖として規準的役割を担った。前者では、軍制改革の解放的側面、いわば公民的側面がもっぱら強調されたのに対して、東ドイツでは、マルクス主義の歴史像と「遺産」の議論とに対応するかたちで、改革の革命的性格が論議の対象になった。

プロイセン改革全体については、歴史研究が有り余るほど積み重ねられてきたにもかかわらず、軍制改革は他領域の改革に比べて十分に研究されたとは言い難い状況である。ことに、軍制改革研究は長い間、外政の優位の下にあった。内政や社会史的な側面を重視する、史料に依拠した一連の研究が現れたのは、ここ二十五年のことである。これらの研究では、軍制改革を改革全体の中に位置づけるとともに、そのなかで果たした役割について考察し、改革の前史や個々の施策、改革案を詳細に解明し、改革がその後のプロイセンとドイツの国家や社会に及ぼした広範な影響を論じた。さらに、初期自由主義と人民武装の理念との関連で改革の有した政治的意義が考察され、市民的公共性が改革過程に関与した様子もまた叙述された[87: H. Stübig, Heeresreform]。この最後のテーマ、すなわち当時の政治的言説や、初期自由主義の観念世界に軍制改革を組み込む研究こそまさに、これまでよりもはるかに鮮明に、改革者たちの動機や目標を解き明かしただけでなく、改革のプロセスを総じて批判的に評価し、社会のさらなる民主化のために不足していたものが何であったのかを明らかにしたのである［106: W. Gembruch, Bürgerliche Publizistik; 132: R. Pröve, Stadtgemeindlicher Republikanismus］。

3　社会の秩序と軍制（一八一五～一八五〇年）

一九世紀に関する研究は、帝政期と一八一五年以前の時期に関してはかなり進められてきた。それに対して、とりわけ一八一五年から一八六〇年までの時期については、一八三〇年と一八四八年の二つの時点を別にすれば、研究が比較的手薄であった。その理由は、ドイツ連邦を正面から論じない国民史的な歴史叙述が長い間支配的だったからだが、一九四五年以後の歴史家の認識にも原因を求めることができる。というのも、彼らの関心が集中したのはドイツ帝国や第一次世界大戦の前史か、一七八九年の理念かのどちらかであったからである。さらに、軍事史特有の事情として、一八四八年を除いてこの時期には考察に値する戦争も出兵もないので、古い軍事史の論理からこの時代にほとんど関心が払われないということがあった。それでもこの時代について総じていうなら、研究の重点は次の三つになる。

ドイツ連邦の軍制

第一のそれは、ドイツ連邦の軍制ならびに個々の構成諸国の安全保障政策である。連邦の性格をめぐる一般的な議論（連邦国家か国家連合か）との関連で、たとえばH・ザイアーは、連邦軍の最高司令官規定や、連邦軍制に関する諸規定を考察した。ザイアーの評価によれば、連邦軍制とは、連邦内部の利害の調停にあたり、いずれの勢力にとっても理想的な解決と言い難い妥協の形式であった［162: H. Seier, Oberbefehl; 163: H. Seier, Frage der militärischen Exekutive; その弱点については152: W. Keul, Bundesmilitärkommision を参照］。ドイツ連邦とその軍制を、オーストリアとプロイセンの二元対立をうまく抑制した装置として論じるのがH・ヘルマートとE・ヴィーンヘーファーである。ヘルマートは、たとえわずかであっても、連邦軍制には国民的軍隊形成のための萌芽が宿っていたと結論する［150: Militärsystem und Streitkräfte］。これに対してヴィーンヘーファーは、E・R・フーバーの国制史的観点に依拠しながら、連邦軍制の形式上の諸構造に関心を集中させている。軍事史を前面に据える外交史の諸側面は十分に研究されてきたが、近年ではＪ・アンゲロウが、ドイツ連邦の安全保障ならびに対外政策の問題を扱っている［142: Von Wien nach Königgrätz］。個々の邦国の軍事史研究は、国によってその進展度合いがまちまちである。たとえばプロイセンに関しては、大部の概説書やハンドブックのなかの数章として叙述されることもあるが［39: C. Jany, Geschichte der Preußischen Armee; 43: M. Messerschmidt, Die preußische Armee］、それ以外の個々の邦国に関しては様々なモノグラフィーがある程度である［ハノーファーについては170: U. Vollmer, Die Armee des Königreichs Hannover; バイエルンについては148: W. D. Gruner, Das Bayerische Heer; バーデン＝ヴュルテンベルクについては149: H.-J. Harder, Militärgeschichtliches Handbuch; クールヘッセンについては143: M. Arndt, Militär und Staat in Kurhessen; ナッサウについては167: G. Müller-Schellenberg／W. Rosenwald／P. Wacker, Das herzoglich-nassauische Militär］。しかしながら、これらの著作の多くには、社会史的な側面と、軍隊という装置を内部から見る視点に欠けている。これに対して、軍事技術や軍事学に関わる現象や、軍服研究にまつわる問題は有り余るほど論じられ、個別の各部隊の歴史もまた詳述されてきた。

研究の第二の重点は、軍制改革と憲法をめぐって三月前期に見られた、国内政治上の反目ならびに言論界での対立である。この対立は、言説のレベルでは、一

軍制と初期自由主義

方で政治運動——特に初期自由主義の政治運動、のちには民主主義者やより急進的な諸派の運動——が掲げた要求の一覧の中に、他方で、これらの要求の具体化案——その範囲は憲法宣誓の問題に始まり、独立した市民防衛隊の設立にまで及ぶ——の中にはっきりと現れている。ここ何年にもわたってブームの様相を呈している自由主義研究では、たいていの場合、不動の偉人であるロテックとヴェルカー、彼らの編纂した国家学事典が扱われ、事典の基本方針が考察されてきたけれども、軍事政治的諸問題が正面から扱われることはほとんどなかった［24: C. v. Rotteck, Über stehende Heere und Nationalmiliz; 32: C. T. Welcker, Begründung der Motion］。当時の建白書や雑誌論文、陳情書が豊富に残っていたこともあり、軍事的テーマに関する議論や政治的立場は、とりわけ比較的古い文献においてよく研究された［156: A. Mürmann, Die öffentliche Meinung in Deutschland; 157: H. W. Pinkow, Der literarische und parlamentarische Kampf; イデオロギー的な問題はあるが151: R. Höhn, Verfassungskampf und Heereseid］。E・トロックスは保守的な軍人党派の立場を解明している［169: Militärischer Konservativismus］。当時の議論について、最近新たな概観を与えたものとして、たとえばR・プレーヴェの研究がある［132: R. Pröve, Stadtgemeindlicher Republikanismus, 140-182］。

近年では、軍隊の憲法への拘束という問題が、憲法、政治、言説の歴史といった諸側面から精力的に研究されている。要するに、軍隊や将校団が行った憲法宣誓の問題であるが、これについてはとりわけ、クールヘッセンの事例研究がある[143: M. Arndt, Militär und Staat in Kurhessen; 147: E. Grothe, Verfassungsgebung und Verfassungskonflikt]。また市民衛兵、市民防衛隊、治安協会といった、市民が自ら武装して治安維持にあたる形態についても、研究がかなり進んでいる[144: G. Brückner, Der Bürger als Bürgersoldat; 158: R. Pröve, Bürgerwehren in den europäischen Revolutionen; 161: P. Sauer, Revolution und Volksbewaffnung; 166: W. Steinhilber, Die Heilbronner Bürgerwehren; 171: M. Wettengel, Die Wiesbadener Bürgerwehr; 224: A. Fahl, Das Hamburger Bürgermilitär]。市民軍のもつ政治的、社会的コンセプトが詳しく説明されるだけでなく、これらの武装組織の社会的構成を描き、その出動地域や機能的特質を探る試みもなされており、さらには正規軍や地方警察(Gendarmerie)との競合関係についても議論がなされている。

第三の重点は、一八四八年革命時の正規軍の役割と機能についてである。市街戦に正規軍兵士を投入できるのかどうか、また彼らにその意志があったのかといった問題、旧エリート層や三月政府の思惑の中に占めた正規軍の問題、あるい

一八四八年革命時の正規軍

は兵士の政治的言動や行動といった問題は、数多くの叙述や指摘があり、素描もされてきた。大半の研究が局地や地域といった枠組みにとどまるのに対して[146: J. Calliess, Militär in der Krise]、S・ミュラーはもう少し大きな研究領域を論じた[155: Soldaten in der deutschen Revolution]。彼女は正規軍兵士の反革命的役割を様々な見地から徹底的に分析するとともに、兵士が社会に順応するパターンと彼らの抵抗行為について考察することに成功している。彼女の興味深い指摘によれば、正規軍兵士には革命理念に影響されない傾向が明瞭に見受けられ、比較的わずかな者しか脱走せず、バリケードの向こうで戦う市民たちにもほとんど同調しなかった。それでも、とりわけ召集された予備役兵によって、たとえば将校の住居の前で調子はずれの騒音を鳴らしたり、嘆願の示威行為をするなど、軍隊の日常生活を改善するための抵抗活動が、正規軍の内部で組織化された。しかしながら、総じていうなら旧エリート層は正規軍を反革命の道具として維持することに成功し、一八四八年秋と一八四九年にその力を見せつけて勝利したと彼女はいう。ミュラーによれば、その際に決定的だったのは、いまや外から加えられる紀律のモデルではなく、内面からの恭順がそれに取って代わったことであり、いわば今日のドイツ連邦軍でいう内面指導〈8〉の問題になったことであった。

4　軍隊と国民的統一（一八五〇〜一八七一年）

プロイセン学派と「プロイセンのドイツ的使命」

歴史学は長い間、一八四八年革命から帝国創建までの時期を、ほとんどもっぱら目的論的な観点から描いてきた。すなわち歴史学は、帝政時代に支配的だったプロイセン学派に担われつつ、この時期の出来事や発展を、プロイセンの覇権下で帝国創建という目標へ向かう道筋として評価し、「プロイセンのドイツ的使命」をいわば視覚化してきたのである。「一八七一年がそもそもドイツ史の大団円となり、ルターや初期ホーエンツォレルン朝に始まるひとつの救済史が頂点に達したところでは、一八七一年に生じた諸事件やその関連人物に重点が置かれたのであり、この年の直前の時期を描くときには、その重力から逃れることはできなかった」[197: D. Walter, Preußische Heeresreformen, 18]。内政のレベルではローンの軍制改革と憲法紛争が、対外政策のレベルでは後に統一戦争と呼ばれることになる三つの武力闘争が、以後の国家と社会を大きく規定したのだが、それにもかかわらず、これまでこの点に関する考察がいたって不十分だったのは、たしかに上記のような視野の狭さが影響していた。D・ヴァルターが的確に指摘するように、一八五〇年代後半から六〇年代前半にかけての軍制改革の段階は、軍備増強案に始まる憲法紛争の影に隠れてしまったのである。他方憲法紛争を論じるとなると、自由主義研究の立場か、保守的な観点かのいずれかの評価になった――前者において憲法紛争は、国家を民主主義的に改造する機会を逸した事件であり、自由主義政党のカノッサ行きとして、ないしは原罪として理解されたのに対して、後者では、内外の敵に対するビスマルクの勝利の出発点として評価された――のであるから、軍制改革の研究が不十分で一面的であったとしても、それは不思議なことではない。

ローンの軍政改革

プロイセン軍制改革に関する著作を世に問い、その後の研究の基礎となる新境地を拓いたヴァルターは、こうした研究の欠陥を招いた背景を、研究史ならびに史料状況の点から指摘する。従来の歴史的評価は往々にして乏しい史料に、しかも強い偏向のある、半ば公式の史料に基づいてきたというのである[197: Preußische Heeresreformen, 28-33]。彼によれば、いずれにしてもローンの改革は単体として理解されるべきではなく、広い領域にまたがって進行した「軍事革命」の構成要素として（しかもその細胞核ともいうべき本質的な構成要素として）十年から十五年というタイムスパンで理解しなくてはならない。この総体的な構造変化には、一群の軍隊改革プロジェクトと技術革新が含まれる。「撃針銃の採用、施条式後装砲導入に伴う砲兵隊の改造、散兵線〔散会した歩兵部隊が形成する戦線〕と中隊縦隊に配慮した歩兵戦術の改革、参謀本部の拡充、……鉄道と電信機の体系的な運用、指揮権委任の原則、軍事学校の新設ならびに将校団の若返りによる将校教育の改革」がそれである［197: Preußische Heeresreformen, 34］。ヴァルターの研究の特筆すべき業績は、一八六〇年代に転換期としての性格を認めうるかという問題提起を行い、より広範な発展過程の文脈の中に改革を位置づけたことにあるが、それだけでなく、軍隊の編成や動員計画、参謀本部、将校育成、軍隊による技術習得といった領域で、この変容を吟味したことにもある。

統一戦争

統一戦争は長い間、主としてプロイセンの軍事面での近代化——その際想定されているのは、もちろんプロイセン全体の近代化である——という側面から考察されてきた。プロイセン軍の鮮やかな電撃的勝利、とりわけオーストリアに対する勝利は、プロイセンの優秀性をはっきりと示したといえるかもしれない。その際、一八六六年の戦争、ことにケーニヒグレーツの戦いは、両国の体制のぶつかった天王山として大仰に描かれ、二〇世紀を視野に置き、歴史の分岐点として解釈された［175: G. A. Craig, Königgrätz 1866］。近年の研究において、統一戦争、とりわけドイツ＝フランス戦争は、その後の近代戦のおぼろげな前触れとして評価されている。それによれば、この戦争は「工業化時代の国民戦争」であり、個々の市民や世論全体に直接関係するとともに、それらに大きな影響を及ぼした戦争であった。この戦争はもはや王室間の戦争ではなく、国民間の絶滅戦争と呼ばねばならないというのである。多くの論者は、これと近い時期に生じたアメリカ南北戦争と合わせて、戦争指導と軍制に起こった革命的変化を見て取ろうとする。この変化は、あらゆる人間と物資を機械の力を用いて投入する動きや、住民全体を動員しようとする動きと相まって、二〇世紀の世界大戦へと向かっていった[178: S. Förster /J. Nagler, On the Road to Total War]。これらの戦争の性格規定に関しては、いまだ議論が続いているとはいえ、一八七〇・七一年の戦争によって戦争の形態が変化したことについては、基本的に学界で承認されているといえよう。違うのは、その変化に置かれる力点の軽重だけである。戦闘の「新しいあり方」や科学技術の取り込みについては繰り返し指摘されてきたけれども、兵役義務や集団的な戦争経験がどれほど国内の動員を可能にしたかについて、またメディアが作る世論の参与によって動員がどれほど成功したかについては、これまでのところほとんど知られていない。

ドイツ＝フランス戦争

帝国創建に関心が集中したことにより、ドイツ＝フランス戦争ならではの基本問題（社会史的・日常史的・文化史的問題）が、長きにわたってなおざりになった。すなわち、この戦争を帝国創建のたんなる付属物として理解したり、ヴェルサイユ宮殿鏡の間での戴冠までしか論じない、といった結果を招いたのである。戦争中の出来事は、帝国創建を叙述するための背景にしかなっていないのである。戦争責任をめぐる議論や、エルザス＝ロートリンゲンの併合にまつわる議論なども、このような観点からしか論じられていない。同じことは、帝政期における国制と政治の解明をめざす研究についてもいえる。これらの研究は、様々な政治集団や宗派グループが戦争に示した態度を分析し、それらの位置を測定するのであるが、実際に戦争自体をテーマにすることはなく、戦争は副次的なものとして扱われているにすぎないのである。ビスマルクの外交構想に関する研究や、帝国創建の国内外の状況を論じる研究についても、事情は同様である。

ドイツ＝フランス戦争それ自体や、戦中の出来事、会戦、作戦計画の過程（たとえば、伝記的アプローチについてともに、モルトケに関しても参照されるべきはブーフォルツの文献［174: Moltke and the German Wars］である）、また外交上の背景については十二分に研究されてきたのに対して、戦争の社会史や日常史、文化史

一八七〇・七一年の銃後

情緒的雰囲気と公論

の研究は、ようやく緒についたばかりである。そのような研究としては、たとえばF・キューリヒ［188: Die deutschen Soldaten im Krieg］がその著作の中で、戦場の兵士が抱いた印象や彼らのメンタリティ、心のあり方を詳述している。またM・シュタインバハ［194: Abgrund Metz］はメッツの包囲戦を事例にして兵士たちの日常を考察し、L・ズクストルフ［195: Die Problematik der Logistik］は兵站という切り口から軍隊の特殊な労働条件を解明している。一般住民の日常生活、とりわけいわゆる銃後の戦線は、これまで十分に研究されていない。わずかではあるが、この不足を補うのがA・ザイフェルトの学位論文［193: Die Heimatfront］である。その中で彼は、戦争の経済的、社会的影響を考察し、協会活動や国家の情報政策、経済政策、行政措置などについて綿密に検討している。戦時における住民の情緒的雰囲気は、主に局地や地域の視点から考察されている［179: K. Fuchs, Zur politischen Lage und Stimmung; 181: R. Hausschild-Thiessen, Hamburug im Kriege; 192. E. Schneider, Reaktion der deutschen Öffentlichkeit］。もう少し広い範囲を扱う研究は、新聞や他の出版物を考察対象にすることが多いが、たとえばN・ブッシュマンやF・ベッカーによるそうした研究は、ドイツ人が示した戦争の公的な解釈や認識、そして情緒的雰囲気を分析している。ベッカーは市民的世論を腑分けして、ドイツ国民の雰囲気や戦争像がどうであったかを探求する。刊行資料だけに基づくとはいえ、彼は次のような判断を下している。「一八七〇・七一年の戦争で同時代人が認識したものは、じつは回想的叙述を通じて定着したものにほかならない。同時代の戦争の解釈が確固としたひとつの戦争像となり、それが第一次世界大戦前夜に至るまで変わることなく存続したのであった。したがって、様々なメディアの中で用いられている解釈型の評価にあたって、時期的な差異を示すことはできない。戦争の受けとめ方をいくつかの時期に段階分けするといった意味での差異は、存在しないのである」[173: Bilder von Krieg und Nation, 14]。

戦争の経験史に重要な一石を投じたのがC・ラークである。彼は、統一戦争に対するドイツのカトリック信者のメンタリティを考察するとともに、カトリックの従軍神父や教会役職者たちの反応を検討した。ラークによれば「一八七〇・七一年以降、戦争と国民の密接な関係は、戦役の公的な解釈を規定することになり、あまたの政治問題と絡み合ったのであって、カトリック教会の役職者たちがナショナリズムをはじめとするほかの近代の邪説に示した根本的反対の立場は、じつはこうした政治問題と無関係ではなかったのである」[190: Nation und Konfession, 406]。

神話化と記憶のための政策

帝政期において統一戦争は、非常に重要な意味をもっている。というのも、その勝利の記憶と神話化が政治の道具として使われ、後年には正真正銘の建国神話として解されるに至ったからである。このような軍事化の過程や記憶文化については、軍人協会や在郷軍人会の研究、毎年行われた戦勝祝賀会・記念碑・大衆向け回想文学の研究など、様々なアプローチからの研究がなされている。

5　ビスマルク体制のなかの軍隊（一八七一～一八九〇年）

ビスマルク支配体制における軍隊の役割

帝国創建後の二十年間に関する研究は、憲法や政策史の側面において著しい進捗が見られた。戦争責任問題や社会の軍事化論争、特有の道論争により、その後のドイツの致命的発展が視野に入ってくると、それが呼び水となって、ビスマルク支配体制における軍隊の役割の問題や、軍備政策、軍政、対外政策、内政が連関するなかでいかに皇帝の最終決定に至ったかという問題が、中核をなす重要テーマになった。その際、とりわけ注意が向けられたのはビスマルクの対外政策であり、宰相・陸軍大臣・軍事内局の三角関係であった（たとえばM・メッサーシュミットのいくつかの研究［214: Militär und Politik in der Bismarckzeit］を参照）。これらの研究の多くは、帝政後半期との比較に目を奪われていた。後半期の、攻撃的で移り気な外交路線が第一次世界大戦を呼び起こしたのだから、それに比べると以前の時代には節度があったという見解である。これによれば、ビスマルクは多くの領域で軍隊を抑制し、参謀本部の提唱した予防戦争の主張に反対するだけの十分な力をもっていたとされる。特別な政治力を備えた人物としてビスマルクを理解する、いささか牧歌的なイメージは、「鉄血宰相」崇拝によってさらに促進されたといえるかもしれない。

ビスマルクと軍隊の関係は、これまであまりにもパターン化した前提の下で考察されてきた、とM・シュミートは強調するが、この主張はまさに正鵠を得ている。ビスマルクにまつわる神話と、彼が「軍隊に忠実な家臣だったという常套句」の神話［218: Der „eiserne Kanzler", 8］のせいで、研究者は、宰相が軍の専門家たちの大権に介入した局面をテーマにせず、反対に軍部の起こしたもめ事ばかりを考察するようになってしまった、とシュミートは述べる。この点もまた彼のいうとおりである。近年ではO・プフランツェやD・E・ショーウォルターなどにより、解釈の方向転換が図られているようである。ショーウォルターは軍隊の比重をこれまでより低く見積もってすらいる。たとえば、ビスマルクは将軍たちと戦い、君主と軍部を離反させたというのである［219: The Political Soldiers, 68］。状況をよりきめ細かく評価するのがE・コルプである。彼は、ビスマルクが対外政策においては帝国政府の立場を優先していたことを強調するが、同時に軍隊の指揮権という領域は不可侵のままであったとも指摘している［212: Gezähmte Halbgötter, 59］。M・シュミートの研究は大部分が新たな文書館史料に基づくものであるが、そこでは該博な知識のもとに、ビスマルク時代の軍政の決定過程が詳細かつ鮮やかに描かれている。それによると「ビスマルクは軍政の大綱を決める権限を保持しようとし、軍部に自らの意向を強要することも稀ではなかった。ビスマルクは純軍事的な問題に、いやそれどころかその詳細な案件にまで干渉したため、陸軍大臣はこの迷惑な介入に幾度となくあえいだのであった。しかし他方では、彼の支配の末期には、軍隊の戦争推進派が対外政策の舵取りに干渉するようになり、帝国の外交指導者はこの干渉を斥けるのに大いに苦心したのである」［218: Der „eiserne Kanzler", 694f.］。

軍隊の指揮機関

上記のテーマや問題設定に直結するのが、陸軍省や参謀本部、軍事内局、高級将官といった、軍隊の様々な指揮機関に関する研究である。とりわけ重点的な研究対象になったのは、人的構成、経歴、戦略、利権政治、意志決定過程、内部で

軍隊社会内部の歴史

の議論である。かつての研究は、これらの機関の優れた機能や能力を強調するものがほとんどであったが、戦後になるとその過失の方が厳しく問われるようになり、国家と社会にこれらの機関が及ぼした悪しき影響を、つまり官憲国家的で、軍事化へ連なる影響を描くようになった。そうした害悪と見なされるのが、たとえば将軍たちの予防戦争構想や戦略の図上演習であり、議会や世論による軍隊統制を抑圧しようとした彼らの試みである。軍人の伝記的研究は繰り返し著された。歴代の参謀総長の生涯とその活動が主に叙述されたが、なかでも大モルトケとアルフレート・フォン・ヴァルダーゼー伯（一八三二〜一九〇四）、それにアルフレート・フォン・シュリーフェン伯（一八三三〜一九一三）がよく取り上げられた。

この研究領域に比べると、軍隊内部の歴史、すなわち軍隊社会の社会史や日常史は、研究の不足がひときわ目立っている。軍人の生活世界と日常に関する研究の度合いは、軍隊の階級に反比例するように異なっている。つまり、位階が高ければ高いほど数多くの史料が、とりわけ自伝的著作が残っているのに対して（本書第Ⅱ部第三章3を参照のこと）、下級将校、下士官、一般兵卒については、依然としてほとんど手つかずのままなのである。練兵場や演習、あるいは衛兵所での勤務の日常、兵舎の生活環境、教練と仲間意識、入営の儀式、余暇活動、昇進の機会、上官による扱いなど、彼ら下級の者に関する研究は、多くのことがまだ緒についたばかりである。地方史や地域史の研究は、この分野でなお重要な役割を果たしているが、様々な視点から対象に迫ってきた都市史もまた、有望な研究アプローチである（本書第Ⅱ部第三章8を参照のこと）。このテーマがもたらす研究成果の豊かさは、数年前に発表されたW・K・ブレッシンクの論文から見て取ることができる。そのまことにもっともな指摘によれば、「軍隊」や「軍隊経験」といった言葉で一律に表現できるほど定まったものなど存在せず、むしろ経験は、一方では所属する兵科や部隊、駐屯地によって、他方では兵士の社会的出自によってまちまちであった。「それゆえ、すべての者が軍隊における日常を同じように体験したわけでは決してない。中間層に属する者、裕福な農民や手工業者の息子たちは、比較的安定した恵まれた環境を離れて、狭い宿泊所で寝起きし、着古した軍服をまとい、単調な食事に甘んじるようになった。彼らは自らの負担で、こうした食生活をできる限り埋め合わせたのである。要するに、軍隊での給養は、入営前の生活水準に応じて受けとめ方の善し悪しが異なったのであり、軍に面倒を見てもらっていると感じた者もいれば、軍に粗末に扱われていると受けとめた者もいたのである」[203: Disziplinierung und Qualifizierung, 471]。

兵士の惨めな歴史に対する再考

一九九〇年代初頭に現れたこの見解は、これまで多くのことを不用意に一般化してきた学界に再検討を迫ったが、それだけでなく、これと同じ時期には兵士の惨めな歴史を再考する動きもはじまった。兵役とは総じてみすぼらしいもので、抑圧や社会的零落を自動的に意味したという想定は、長年にわたってあまりにも強く研究者を誘惑してきた。史料はこの通念を裏付けた。なぜなら、上官による嫌がらせや専横行為、あるいは勤務の日常で起こるひどい出来事が、文書にはやはり繰り返し確認されるからである。ただし、その際に忘れられてきたのだけれども、文書に残るのは裁判沙汰の場合か、一般的に人目を惹くような、日常からかけ離れた場合であって、これに対してつつがなく送られた生活は記録に残らないのである。他方、兵役のポジティヴな側面を指摘する研究もある。たとえばブレッシンクは、能力を身につける場としての軍隊に注目した。「新兵の補充よりも、その教練期間の方が社会的により重要であった。なぜなら、後者の方がより多くの兵士に該当し、彼らはそれを通じて、工業化によってと同じぐらい『近代的な』生活態度を学んだからである。工場労働と兵舎での勤務は似通っていた。工場でも時間が指示され、空間が区分されるだけでなく、工場の秩序や上司の権力、統制が存在した。これらの狙いは、労働者を環境に順応させて、信頼に足るだけのきちんとした気持ちで仕事をさせることにあった［203: Disziplinierung und Qualifizierung, 475］」。もちろんそうした過程には限界があるから、この点で誤った素朴なイメージを描くことには気をつけた方がよいだろう。

軍隊と社会の接点

兵役義務の体系や予備役、さらに予備役将校の経歴を通じて、軍隊と社会の間には特殊な接点（T・ニッパーダイはこれを「境界地帯」と呼ぶ）が生じた。若者たちは人生の一時期を兵舎で過ごし、兵役期間が終わると予備役兵の教練に参加するとともに、予備役兵団体や在郷軍人会に加わって軍隊のしきたりを保ち続けた。古参の元兵士と予備役将校は、軍を離れた後でもなお昔の上司との関係を保持していた。このような接点が集中的に考察されたのは、とりわけ軍隊のメンタリティや習慣が一般市民の日常に受容される局面に関してである。社会の軍事化の規模と結果はどうだったのかという根本問題は、この点と関連している（本書第Ⅱ部第四章1を参照のこと）。射撃協会や在郷軍人会、予備役兵諸団体、これらに類似の組織について、その会員構成、活動領域、政治信条、社会的ネットワークといった問題が研究の焦点になってきたのは、こうした理由による。少なくとも三百万人には達しようという構成員を擁し、社会的にも広い範囲に及んだこの「軍人党派」の質と量が実際に明らかになってきたのは、ようやく近年になってのことである［216: T. Rohkrämer, Militarismus der „kleinen Leute"; 220: H.-P. Zimmermann, „Der feste Wall gegen die rote Flut"］。

軍人党派

もとより、研究結果をどう解釈するかについては意見の相違がある。一方では、これらの構成員は様々な権威に従順で、いわば「権威に身を寄せて、既存の権力構造へ大勢順応主義的に適応した」［57: E. Wolfrum, Krieg und Frieden, 88］と論じ、そこから心情的軍国主義を主張しようとする向きがある（本書第Ⅱ部第四章1も参照のこと）のに対して、他方では、在郷軍人会への参加（これに参加した大部分は農村と都市の下層民であった）はむしろ、政治参加と政治的同権の表現であったとされる。B・ウルリヒやJ・フォーゲル、B・ツィーマンは、ある史料集の中でこの点について注意を促し、同時に方法上の諸問題についても論じている［28: Untertan in Uniform］。

軍隊のフォークロア

それだけでなく、勝利の戦闘や戦勝を公的に演出した記念祭や記念日が考察され、軍隊のフォークロアともいえる多種多様の出し物が明らかにされた。ここでもまた、人々の動機をどう評価するかについてはまだ議論がなされているけれども、軍隊が大変な人気を博したという結果については、ほとんど意見が一致している。

軍隊と国民的統一の過程

近年では、ナショナリズム研究の流行の波に乗って、一八七一年以後の時期もまたかなり考察されてきている。その代表的なテーゼは、ドイツにおいて軍隊が、統一戦争の勝利によって対外的に国民国家の形成をもたらしただけでなく、内的な国民形成にとっても重要なファクターであった、というものである。これと似たような考察は、フランスに関してはすでに三十年前になされていた。U・フレーフェルトは、特に兵役義務の様態を次のように指摘する。「行政の観点からも、軍隊が国家を創建するという機能は少なからず重要であった。一般兵役義務の体系は、男性住民を完全に掌握することに拠って立っていたから、絶えず几帳面に兵籍簿を作成し更新するというかたちで、満遍のない申告と統制の制度を確立させたのである」[243: Das jakobinische Modell, 46]。兵役義務はさらに、地域も異なり、宗派も社会的出自も異なる若者たちをひとつに結びつけ、「国民の学校」の中で彼らに国民の何たるかを学ばせた。ヴォルフルムによれば、若者たちが経験したのは「国民や祖国についての教育であった。それはたしかに、他の忠誠関係を解消させはしなかったが、その上に層を成して覆いかぶさっていった」[57: Krieg und Frieden, 88]。その際、軍隊は象徴的実践の場として、「記憶の形象」やかつて暮らした「追憶の共同体」として機能するだけでなく、人々の行動規範と思考様式を定めかつ生み出す、重要な制度としても機能したのである。

第三章　軍事史の新しい研究領域と課題

1　作戦計画の歴史

作戦計画の歴史の成果

兵学の色彩の強い戦史が長らく主流であったことを思えば、B・ヴェークナーが軍事史研究のなかの問題として作戦計画の歴史を要請したのは、一見すると驚きである。ヴェークナーの理解するところでは、作戦計画の歴史とは「狭義には、戦略レベル以下、戦術レベル以上の大がかりな軍事作戦の立案・遂行の歴史であり、広義には、およそ戦争一般における軍隊『指揮術』の歴史」である［89: Wozu Operationsgeschichte, 105］。彼によればさらに、戦争という暴力の包括的な歴史がこれと関連しており、それは一方で「戦場の日常史」と、他方で政治史や戦略史と結びついている。ヴェークナーは二〇世紀に焦点を当てているとはいえ、この提言は一九世紀、とりわけドイツ統一戦争と対ナポレオン戦争に拡大して適用することができよう。これらの戦争についての作戦計画史研究は数少ないが、特徴的なことに、そのほとんどがアメリカ人の手によるものである［199: G. Wawro, Franco-Prussian War; 210: I. V. Hull, Absolute Destruction］。

2　経済史

軍事予算と財源調達

軍隊の物的装備、戦争の財源調達、軍需産業の形成は、いずれも軍事史の中心的な問題であるにもかかわらず、S・v・D・ケルクホーフが適切に指摘するように、経済問題についてはあまりにも研究が少ない（彼女はまた、軍事史における経済史の厳しい現状を説いている）［74: Rüstungsindustrie und Kriegswirtschaft, 175-178］。戦闘行為の原因や成立、経過や結果は経済史の要因抜きに理解できないことから、経済への関心の稀薄さはなおさら問題である。一九世紀の軍隊と戦争を論じる際、財政・経済史で第一に重要なのは軍事予算の規模と構成であり、その予算の調達の問題である。すなわち、租税政策と補助金給付の実態の解明であるが、支出政策もまた重要なテーマである。支出政策は、兵士の給与、軍服、糧食、住居、武装、土地使用の経費などの固定費と、軍需物資および大型機材調達の費用との双方にまたがっており、時々の情勢によりその間で揺れ動いている。したがって支出の対象は、非常に多様な製品とサービスに及ぶ。そのほとんどは非軍事的なものだが、大砲や銃器のような直接軍事に関わる物品も含まれる。第二の重点は、軍備政策（Rüstungspoltik）という言葉で総括される諸関係で、軍上層部・政治・経済団体間の相互関係によってもたらされる。第三のそれは、個々の兵器産業の歴史ないし国際兵器市場の出現で、第四は、個々の製品とその関連製品の歴史である。

軍備政策と兵器市場

軍備政策

しかしながら、ここに挙げたほとんどの分野で、研究はまだ始まったばかりである。どちらかといえば政治史的傾向が強いとはいえ、一番関心が集中したのは軍備政策であった。とりわけよく解明されているのは、政治・利益団体・軍需産業の三者間のネットワークである。従来の研究は明らかに、一八九〇年以降のヴィルヘルム時代の艦隊政策に重点を置いてきた。しかし戦艦と巡洋艦の建造はそのまま第一次世界大戦の前史をなすため、本書ではこれ以上立ち入らない。一八九〇年以前の軍需産業の歴史に関しては、大部分がこれから書かれねばならない

（M・ガイヤーの業績［316: Deutsche Rüstungspolitik］は、ここではむしろ例外である）。総じていうなら、多くの点で軍需についての理論的構想と定義がまだ欠如している。純粋な軍需企業など存在しなかったのは、たしかに問題の一つである。むしろ、盛んな企業研究が力説しているように、企業は製品を民需と軍需のいずれにも提供していた。それゆえN・ツドロヴォミスラヴとH-J・ボントルップは、

狭義の軍備と広義の軍備

物資面における軍備の領域を、狭義と広義の概念に分類した［327: Die deutsche Rüstungsindustrie, 46-50］。これによると広義の軍備とは、あらゆる領域に及ぶ経済的要因として軍隊がもつ意義のことであり、狭義のそれは、武器や軍需物資の生産を指す概念である。これは軍備に関わる諸現象を解明しようとする最初の試みであるが、もとよりそれはただちに限界に突き当たることになる。兵器関連資材そのものが、下請業者によって民需市場向けに製造された製品をつねに含んでいるからである。

3　社会史

社会史の課題

社会（構造）史は、すでに長い間歴史学の一分野に数えられているが、これが

確固たる地位を築いたのは、一九六〇年代末から一九七〇年代にかけてである。社会史は、旧来の政治史・事件史とは一線を画して登場した。政治史・事件史は「上から」の視点で規範的に叙述され、まだ君主や大臣、将軍といった国家の次元から見た歴史学であった。これに対して典型的な社会史は、社会構造とその形成過程、社会の運動と制度、階級と階層、景気と経済的・社会的危機などを研究領域にする。社会史で問われるのは、社会的不平等の構造的条件、経済的・社会的変容の背景、社会への適応・社会的結合（Sozialisation, Vergesellschaftung）の諸形態、集団のなかに存在する規範と価値である。一九四五年以降、社会構造史的な問題設定や方法が提起されると、軍事史はすでにかなり早い時期からこの新傾向に門戸を開いたので、そこからヒントを得た一連の研究に事欠かず、とりわけ一九七〇・八〇年代には多くの研究が現れた。この時期の主要な知的関心は、とりわけ特有の道テーゼの検証と軍事化の射程の問題（それは一九世紀の自由主義者による軍隊批判の継続発展といえる）であった。それゆえ軍事史研究では、M・フンクの要約にあるように［69: Militär, Krieg und Gesellschaft］、具体的に三つの重点が浮かび上がることになったのである。第一の重点は軍隊という装置の内側の歴史、すなわち将校団の社会構造、軍事エリートの政治的・イデオロギー的傾向、

社会史の三つの重点

将校団は出生身分か、それとも職業身分か

軍隊内の社会的不平等の生産・再生産などである。第二は「軍国主義症候群、すなわち非軍事的な社会領域への軍事的なものの浸透」であり、第三は「反民主主義的支配を安定させる装置としての軍隊」である。

貴族とエリートの研究が盛んになると、三万人以上の将校から成る将校団はしばしば考察の対象にされた。アカデミックな論争では、特に二つの基本的立場がある［262: M. R. Stoneman, Bürgerliche und adlige Krieger, 25-29］。第一の解釈は、将校の社会的出自をもっとも重視する立場である。これに従えば、貴族の文化的影響力がきわめて大きかったため、社会的出自を重視した市民層出身の将校は、封建化するか、貴族に同化したのであった。その結果、貴族的で封建的特徴を帯びた将校団は、政治的態度が保守的で時代遅れなうえ、進取の気性にも欠けたために、帝国の内政の不幸な発展を促す主要因の一つになったとされる［236: W. Deist, Geschichte des preußischen Offizierkorps］。市民層研究はたしかに、実に様々な領域にわたって、ドイツ市民層の封建化テーゼに体系的な反論を加えてきたが、その際、軍隊という領域はこれまでのところ、むしろおろそかにされている。M・フンクはこのように研究上の問題点を強調するが［69: Militär, Krieg und Gesellschaft, 172］、それはまったく正鵠を得た指摘といえよう。将校団を出生身分として理解

生活世界と社会への適応

するこの第一の見方に対し、第二の解釈は、将校団を職業身分として把握する。この見方によれば、貴族による将校独占権は弱まりつつあるとはいえまだ残存していたが、それにもかかわらず、この身分もまた時代の根底的な専門化・近代化過程の荒波から逃れられなかった。つまり、軍事的専門教育の改善や標準化が促進され、将校に必要とされる教育全般のレベルは高められ、職務をまっとうする必要条件が備えられたというのである［262: M. R. Stoneman, Bürgerliche und adlige Krieger］。

このような研究に触発されて、将校に関する様々な研究テーマが視野に入ってきた。すなわち、将校の社会的出自や軍隊社会への適応、兵営と士官食堂における日常生活、練兵場と演習での勤務条件、文化的特徴と社会的ネットワーク（社会史的な将校団研究として今日でもなお古典的価値を有するのは、K・デメターの業績である［237: Das Deutsche Offizierkorps］）、出世の可能性と実際の昇進過程［253: H. Meier-Welcker, Geschichte des Offizierkorps］、参謀本部のような制度や機関に求められる人材などのテーマがそれである。研究方法もまた多様化している。第一に、数量史的分析。たとえば、将校名簿や将校の昇進リストの活用がそれにあたる。第二に、プロソポグラフィカルなアプローチ。これにより、家族的つな

伝記的アプローチ

がりだけでなく、特定の世代や連隊ごとに見られる集団の人脈も明らかにされる。第三に、社会構成の観点からの考察。これは、特定の軍団、個々の駐屯地、家族や貴族の所在地における活動と生活のあり方に着目する。さらに第四に、伝記的方法にのっとった研究。この種の研究のほとんどは、著名な軍人政治家や外交官、地位の高い軍人しか対象にしていない。将校の回想録は、浩瀚な伝記的著作と同様、きわめて内容豊かなものだからである。伝記的方法にはさらに次のような問題もある。すなわち、著作をものした将校も伝記で描かれた将校も、一九一四年以後、あるいはさらに後の第二次世界大戦期にようやく高い地位に就いており、これらの著作は一九世紀の状況をほとんど、あるいはまったく表していないように思われるのである。実際、このグループが青年将校として社会生活をはじめ、重要な体験を積んだのは、明らかに一九一四年以前のことであった。アウグスト・フォン・マッケンゼン（一八四九〜一九四五）やヘルムート・フォン・モルトケ（一八四八〜一九一六）は比較的古い世代に属すが、フリードリヒ・フロム（一八八八〜一九四五）、エーリヒ・フォン・ファルケンハイン（一八六一〜一九二二）、ヴィルヘルム・グレーナー（一八六七〜一九三九）などはまさにこの世代の将校である［251: B. R. Kroener, Heimatkriegsgebiet; 261: T. Schwarzmüller, Kaiser und Führer;

202: H. Afflerbach, Falkenhayn; 207: R. G. Foerster, Moltke; 247: J. Hürter, Groener］。将校団の自己認識とその行動が及ぼす大きな影響力に目を向ければ、それは軍隊の個々の機関を解明する研究にもつながるであろう。その点で傑出した役割を果たしたのは大参謀本部であった。したがって、参謀本部で展開された戦略教義の出現・形成・変容などが考察され、人材とそのネットワークが明らかにされ、さらに軍隊、軍備政策・外交政策、国家との絡み合いのなかで、この組織が果たした役割と機能などが研究されたのである［174: A. Buchholz, Moltke; 239: S. Förster, Der deutsche Generalstab］。

軍人、なかでも新米将校の軍隊社会への順応と教育の問題は、比較的広い射程をもっている［265: J.-K. Zabel, Das preußische Kadettenkorps; 257: J. Moncure, Forging the King's Sword; 238: S. Förster, Militär und staatsbürgerliche Partizipation］。教育史と軍事史が関連する領域もまた、およそ不十分なものであるとはいえ、これまで論じられてきた［260: K. Saul, Der Kampf um die Jugend; 255: M. Messerschmidt, Militär und Schule; 263: H. Stübig, Bildung, Militär und Gesellschaft］。

一般兵卒の生活と勤務

将校に比べると、軍隊の下層、すなわち下士官と一般兵卒の生活や勤務の実態については、まだわずかしか研究が進んでいない。こうした偏りが生じたのは、長い間支配的だった上からの考察方法に原因があるだけでなく、史料状況とも関係している。庶民はふつう、自伝的証言などほとんど遺さないからである。今日流行している同時代人証言の研究も、実際には生かすことができない。というのも、一九八〇年代初頭にオーラル・ヒストリーが始まった頃には、一九〇〇年以前の時代を伝えうる証人がすでに他界していたからである。これに対して第一次世界大戦とその後の時代については、後世の人間の聞き取りにより、多くの知見が得られている。

したがって、兵士の日常を勤務や生活状況に至るまで再構成するには、やりとりされた行政文書をおもに利用して解明せねばならない。部内報告や覚え書き、行動命令、刑法関連文書、軍事諸機関の間で交わされた文書を、古典的な史料分析の手法を用いて読み解けば、さらに多くのことが分かってくるだろう。もとより、プロイセン軍事文書館が第二次世界大戦で灰燼に帰してしまったので、少なくともプロイセン軍の研究に相当な限界があることは、考慮しておく必要がある。これに対してドイツの他の州、たとえばドレスデン、シュトゥットガルト、ミュンヒェンの文書館にある収蔵文書は、ほとんど、あるいはまったく損失を免れている。

4　女性史とジェンダーの歴史

軍事史の二重の男性的性格

伝統的な軍事史と新しい軍事史のあいだでもっとも隔たりがあるのは、おそらく女性史とジェンダーの歴史についてであろう。軍事史は長い間、二重の意味で男性に支配されてきた。軍事史研究を担ったのはほとんど男性だけであったし、描かれた歴史のなかでアクター、主役と見なされたのもやはり男性だけだったからである。軍隊社会における女性の役割や機能は十分に考察されなかったし、両性のイメージの構築過程やその位置づけについても十全に解明されてこなかった。その結果、たとえば文化的・社会的に構築された男らしさの問題や、他の男性や女性と軍人との関係についても、関心が払われないままであった。K・ハーゲマンがいみじくも批判するように、研究者は従来「兵士や戦争のイメージが言説によって構築されたり、戦争に向けた動員が軍隊や銃後で行われたりする際に、男性や女性のイメージがもった意味について問うことがなかったし、逆に、両性のイメージや役割関係、ならびに男女の個人的・社会的行動様式が確立されるときに、軍隊や戦争がもった意義について」、関心を寄せることもなかったのである[71:

女性の活動領域

Venus und Mars, 15]。とはいえ、戦争や軍隊への女性の積極的な関与は次第に強く指摘されるようになり、男性だけだと思われていたこの世界に、驚くほど多くの女性が関わっていたことも明らかになった。たとえば、一七・一八世紀に存在したとされる兵士と女性の生活共同体は、一九世紀に至ってもなお残っていた。そこでは、女性が夫とともに宿営地や兵舎に住んで働いていただけでなく、夫に連れ添って出征し、戦場に出てその世話もしていたのである。これ以外にも、軍隊に不可欠なお針子、洗濯女、酒保商人として働く女性がいた。通説によれば、

フランス革命と女性の排除

フランス革命はジェンダーに関しても転換点をなし、女性はこの時に戦争や軍隊から排除されたという。女性蔑視、象徴的表現による女性の排除や軽視、男女間の性差の強調といった要件は、この時期に満たされたと見なす研究がある一方で[301: C. Opitz, Der Bürger wird Soldat]、E・ペルツァーのように、もう少し控えめな評価を下し、女性が革命後も政治的行動の余地を残していた、と論じる研究者もいる。ペルツァーはその際[302: Frauen, Kinder und Krieg, 19]、伝統的に固定された男女の役割に対して、軍隊の近代化がどう影響したかを考察するとともに、「女性市民（Citoyennes）」として市民権だけでなく、武装権をも要求する女性の政治的アイデンティティに、検討を加えている。

戦争と軍隊における女性の活動

女性が要求した範囲についてはその後も議論が続けられ、特に、きわめて緩慢で長い年月を経た末に表面化する運動があったことも指摘されている。とはいえ、当時論じられた女性のあり方については、研究者の間でほぼ見解が一致している。一九世紀初頭に軍制改革が進行するなかで、兵役義務の構想と軍隊の国民化を通じて近世的輜重隊（Tross）を廃止し、女性を軍隊から排除すべきとの主張が支配的だった、というのである。それにもかかわらず、女性が兵士として戦闘行為に積極的に参加していたことは、対仏同盟戦争と解放戦争について明らかにされており［296: K. Hagemann, „Mannlicher Muth und Teutsche Ehre", 383-393; 302: E. Pelzer, Frauen, Kinder und Krieg］、三月前期と一八四八・四九年の革命では、そうした事例がさらに多く知られている［297: G. Hauch, „Bewaffnete Weiber"］。女性はその後も「軍隊の周縁部」で、あるいは「女性であること」を無視できる条件下では、「戦場や前線の経験」をした［70: C. Hämmerle, Von den Geschlechtern der Kriege: 235: U. Breymayer, „Mein Kampf"; 291: H. Hacker, Ein Soldat ist meistens keine Frau］。また、女性は「愛国的女性協会」を組織して言論活動に従事し、募金活動や傷病兵の看護をはじめとする様々な分野で活躍した［304: D. A. Reder, Die „patriotischen Frauenvereine"; 306: J. H. Quataert, „Damen der besten und bsesseren

男女の差異の先鋭化

Stände“]。さらに女性は計画的に、志願看護婦として衛生任務に動員された［305: D. Riesenberger, Professionalisierung und Militarisierung］。

一九世紀に男女の特性が構築されるにあたり、とりわけ重要な意味をもっていたのは、市民層を起源として、一八世紀のあいだに徐々に発展した男女のイメージである。性差はそれまで、おもに社会的相違として理解されていたが、今やそれが生物学的相違になった。つまり性差は、男性と女性の肉体的相違によって根拠づけられるようになったのである。K・ハーゲマンが強調するように［292: „Heran, heran“, 53］、言説によって創られたこの新たな規定から、男女の違いは二分法的に先鋭化し、両性の性格がいわば生来のものとして構築されたのである。「今や積極性、攻撃性、力、創造性、大胆、強靱、勇敢が、男性そのものの本質をなす指標となった。これに対して女性に固有の特性とされたのは、穏和、思いやり、美しさ、気だてのよさ、倫理感、受動性などであった」。戦争と軍隊の男性化、すなわち「力強く、祖国愛に満ちた男らしさ［295: K. Hagemann, Der „Bürger“ als „Nationalkrieger“, 92］」の枠組みは、このようにして与えられた。この男らしさは一般兵役義務の導入と結びつき、女性を絶えず公的事象から排除し、すべての青年男子を生来の祖国防衛者に仕立て上げたのである。

兵役義務、公民、両性の二極化

選挙権と国事への参加が兵役と武器の所持に結びつけられた結果、人類学的に根拠づけられた男女の両極化は、男性だけで構成される公民社会をもたらした。同時に男性は、男性的性格を前面に押し出した男らしさのイメージにますます支配されるようになった。このイメージは初期自由主義運動にも受容され、市民防衛隊にはこれにふさわしい性差が求められた［303: R. Pröve, „Der Mann des Mannes"; 289: U. Frevert, Soldaten, Staatsbürger］。兵役忌避がやがて男らしさの喪失を意味するようになったのは、それゆえ必然だったのである。このような男性像は、英雄列伝やそれに基づいて解釈替えされた戦争参加者の伝記だけでなく［307: R. Schilling, Konstruktion heroischer Männlichkeit; 308: Ders., „Kriegshelden"］、制服姿によっても、さらにはそれを着た軍人の直立不動の姿勢によっても伝えられ、公の場で示された。S・ブレンドリが分かりやすく述べるところでは、「軍隊は男らしさの極致であるが、この幻想の機構である軍隊への所属をもっとも可視的に表すのが制服」なのである［288: Aspekte symbolischer Männlichkeit, 277］。一九世紀末になるとこうしたイメージは定着し、兵役不適格になった若者にはもう「男らしさの学校」への道が閉ざされ、きわめて不利な状況と悲惨な末路を覚悟せねばならなくなった［290: U. Frevert, Das Militär als „Schule der Männlichkeit". 具体例につい

男らしさと軍隊

男らしさの限界

ては235: U. Breymayer, „Mein Kampf", 79]。ギムナジウムや大学といった一九世紀ドイツの他の機関も、軍隊と同様に「男性だけの世界」であったが、軍隊におけるこの要求は、学校におけるよりもはるかに包括的であった。「男らしさはただ軍隊の内実を示すだけでなく、その教育目標としても表明された」からである［243: U. Frevert, Das jakobinische Modell, 12］。現実には、軍隊の掲げた「男らしさの学校」の理想は何度も覆されたが、かといってそれで変化が生じたわけではなかった。軍隊におけるそうした理想像の限界を問題にしたのは、たとえばM・レングヴィラーとJ・フォーゲルである。レングヴィラーは、男性にも認められるようになった「ヒステリー」を例にとり、兵役システムの統合的・社会教育的理想に対する当時の批判が、この新しいヒステリー像に即して解釈されたと論じる［300: Jenseits der „Schule der Männlichkeit"］。他方フォーゲルは、ドイツ赤十字における男性像と女性像を考察している［309: Samariter und Schwestern］。

軍隊におけるジェンダーの問題については、このように、ようやくその意義が認識され、理解が得られるようになった。とはいえ、軍隊から生じ、それによって支配された男性像のイメージの射程範囲や、市民社会に由来するもう一つの「男性像」との競合的併存関係については、これまでのところ、まだほとんど研究が

男性の共同体形成

進んでいない。軍隊の内部ですら、将校と一般兵卒は厳格な上下関係にあったのだから、男性像もまた多種多様で、それぞれが別の展開をしたことは、容易に推測できる。両世界大戦を分析したT・キューネによる「男性の共同体形成（männliche Vergemeinschaftung）」の諸形態は、そのような研究成果の一例であろう［298: Kameradschaft, 507］。二〇世紀初頭のいわゆるバラ色（同性愛）連隊と、そこでのスキャンダルという事例から明らかなのは、軍隊内にはびこった同性愛の体系的な研究がもたらす豊かな成果である。同性愛は社会的な非難と迫害の対象になったが、他方でそれは、公然と広まった現象でもあった。この矛盾した動きの緊張関係を解明すれば、まさしく大きな成果が期待できよう［245: M. Funk, Feudales Kriegertum］。

両性を対極にあるものとして構築する議論は、すでに一八世紀から始まっていたが、この考え方がとりわけ大きな影響力をもち始めたのは、一七九〇年代のフランスであり、それに続いてドイツでも、ナポレオンの占領下と解放戦争の時期に同じ傾向が見られた。K・ハーゲマンは、国民・戦争・ジェンダーに関する政治的言説を跡づけ、様々な戦争イメージ、観念や議論の次元を分析し、解放戦争が触媒的機能を果たしたと指摘している［296: „Mannlicher Muth und Teutsche Ehre“］。

5 文化史

ドイツでは、一〇年ほど前から歴史学全体に文化論的転回が見られる。これにより、多くの分野で中心概念は社会から文化に代わった。一九七〇・八〇年代にはまだ構造史が熱心に推進され、いわば歴史的現象形態の背後にある秩序の雛型ともいうべき構造が探求された。この構造は、それ自体が行為主体であるアクターと見なされたため、構造は現実的なものとされ、その論理は主観の論理であるかのごとく混同されてしまった。構造史のこうした状況に対しては、とりわけ歴史哲学の立場から批判の声が上がったが、特に批判の対象になったのは、人間が構造の操り人形のように扱われたことであった。これに対して新しい文化史——ミクロ・ヒストリーや歴史人類学もこの文化史の範疇に入る——は、たとえば言説分析のような新たな方法論を試みながら、人間を自律的なアクターとして想定する立場に立っている。ここでは、人間の行動や解釈、思考が、没個性的な構造と同じぐらい重要な意味をもつ。また「文化」とは、人間の認識・意味付与・意識形成の次元のことであり、それはテクスト、儀礼、図像のなかに現れるとされる。「文化」とは要するに、包括的な世界像や社会像の一部、価値や意味、判断の体系の一部なのであり、もっと適切な言い方をすれば、それらの表象なのである。やがて、一種の人間行動学的な文化史が確立した。この文化史は構造とアクターの対立を止揚し、行動論の構想を援用しようとするものであった。

認識・経験・記憶

軍事史はここ数年の間、文化史の要求するこうした理論や方法論、テーマ設定に逐一応えてきた。その際、一定の関心が集中したのは認識・経験・記憶といった現象であった。軍事史における経験のカテゴリーについては、テュービンゲン大学特別研究領域（ＳＦＢ）「戦争経験――近代における戦争と社会」が大きな成果を上げている。戦争の経験史に取り組むにあたり、Ｎ・ブッシュマンとＨ・カールは知識社会学の経験概念をもち込んだ。この概念は、現実を不断の社会的コミュニケーション過程としてとらえるもので、経験は経験空間（Erfahrungsraum）と予期の地平（Erwartungshorizont）の緊張関係のなかで原則的に変化する、という認識から出発する。つまり経験とは、とりわけ言語とコミュニケーションによって規定される社会文化的な認識枠を用いながら、個人が現実を受容することを指すのである［65: Zugänge zur Erfahrungsgeschichte, 17-20］。経験史ではこのように、客観化が可能な出来事や事件と、同時代人による解釈や記述との間に差異を想定するため、考察にあたっては、史料批判と方法論への細心の注意が必要になる。したがって、たとえば軍事郵便や従軍経験者の回想録はつねに現実の抽出物として、すなわち特定の解釈型を背景にした、言語による現実の再現として、理解されることになる。集団が社会へ適応する過程や集合的な経験に応じて、空間と時間に関する経験はまったく異なって現れる［266: E. W. Becker, Zeiterfahrungen zwischen Revolution und Krieg; 285: U. Planert, Alltag, Mentarität und Erinnerungskultur; 286: C. Rak, Ein großer Verbrüderungskrieg］。それゆえ、戦争についてのメディア報道もまた、当然大きな意味をもつことになる。というのも、たとえば新聞・雑誌は公的コミュニケーションの重要な一部として、これまた独自の内容と関心を伝達するものであって、報じられた内容やメディアの関心は戦争経験の特殊形態として、社会が共有する知識にとってとりわけ重要だったからである［272: N. Buschmann, „Moderne Versimplung" des Krieges］。

経験と宗教

出来事を解釈する際には、宗教がおそらく決定的な位置を占めていたことから、経験と宗教の間には重要な相互関係を認めることができる。たとえばH・カールは、ベルギーでの革命戦争を例に取り、行われた戦争と暴力の解釈に宗派的な考え方がどれほど援用されたかを示している［275: Kriegserfahrung und Religion］。逆に、開戦準備が宗教によって動機づけられ、宗教と道徳の立場から敵の正当性が否定されることもあった［130: E. Pelzer, Die Wiedergeburt Deutschlands; 241: S. Förster, Der Sinn des Krieges; 276: M. Greschat, Krieg und Kriegsbereitschaft］。

記憶文化

第二に重点が置かれるのは、記憶と記憶文化である。戦争は個人の回想においても集団のそれにおいても、特に重要な位置を占めている。第一に、戦争は人生を大きく左右するものであり、その爪跡は記憶のなかでも処理されねばならない。この処理があってはじめて、各人は自身の運命を解釈する際の意味を見い出せるのである。第二に、戦争は個人の人生においても社会生活においても一つの転換点になることが多く、記憶のありようは戦前と戦後とで異なってくる。したがって、戦争は記憶を一定方向に誘導し、その範囲を狭めるのである。ギーセン大学特別研究領域（ＳＦＢ）「記憶文化」の一環として編集された論集［269: H. Berding /K. Heller /W. Speitkamp, Krieg und Erinnerung］の序文において、Ｗ・シュパイトカムプが適切に指摘したように、集団の回想と社会の記憶文化を形成する上で、戦争が要の役割を果たしているのは明白であって、それは公式の歴史像や歴史学だけでなく、民衆の記憶の文化や記念日、記念碑から歴史小説に至るまでの様々な記憶の形態においても機能しているのである。一九世紀についてはとりわけ、ナ

記念碑文化

ポレオンによる占領と解放戦争、それに一連のドイツ統一戦争――なかでも際だつのがドイツ=フランス戦争――の記憶が大きな意義を有している。特にナポレオンに対する勝利の記憶が、解放戦争一〇〇周年記念にあたる一九一三年にナショナリズム高揚のために利用されたことは、周知のとおりである。ドイツ帝国における記念日や記念碑文化については多くの個別研究があり、そのなかにはドイツにおける記念碑の普及とその象徴的意味の研究、これに関連する死者崇拝の研究もある［277: M. Jeismann, Vaterland der Feinde; 279: R. Koselleck /M. Jeismann, Der politische Totenkult］。

文学に現れる戦争の記憶もまた、時代の趨勢を色濃く反映したものであった。この点については、テオドール・フォンターネ（一八一九～一八九八）、グスタフ・フライターク（一八一六～一八九五）、フェリックス・ダーン（一八三四～一九一二）の書いた一八七〇・七一年の戦争に関する歴史小説や大衆小説を例に、R・キッパーが明らかにしている［278: Formen literalischer Erinnerung］。また、K・B・ムルが三月前期のバイエルンにおける歴史解釈の事例に則して述べているように、大建築物、宮廷の自己演出、絵画類、劇場作品、公的祝祭など、メディアはいずれも、過去の戦争の記憶を現下の政治目的に利用するための格好の手段になっている［284: Kriegsmythen in der bayerischen Geschichtspolitik］。

神話とその影響力

神話の形成とその大きな影響力もまた、記憶文化の一部をなしている。D・ランゲヴィーシェが強調するように、戦争は多くの国民の「神話の兵器庫」であり、建国神話になっている［283: Krieg im Mythenarsenal］。N・ブッシュマンは一八七一年の戦勝記念祭を例として取り上げ、それを背景にドイツ帝国の建国神話を考察した。その結果彼は、ライプツィヒの戦い（一八一三年）、ワーテルローの戦い（一八一五年）、メッツの戦い（一八七〇年）などが、ドイツ統一の途上に生じた画期的事件であるかのように解釈替えされたことを明らかにした。要するに、戦争は国民意識の形成媒体として、戦場は国民という共同体が形成される舞台として、それぞれ機能したのである［274: Kanonenfeuer, 115-116］。

軍隊と戦争によって形成された国民と国家

軍隊と戦争は、一九世紀に国民と国家が文化の次元で形づくられる際、決定的な影響を与えた。戦争は、ドイツ国民が誕生する際に二度ほど解釈替えされた。一度目の解放戦争の時には、兵役義務の理念が曲がりなりにも軍隊を国民のものへと変え、二度目のドイツ統一戦争の時には、ドイツ国民が戦争によって、そして戦争とともに創られるということになった。その帰結として、戦争と軍隊が国民思想への献身のなかで受容され、国民と国家が致命的なまでに等置されてしまったのである。それはまた、自己と他者が形成されるという、もう一つ別の結果をもたらした。敵のイメージが国民の統合過程の成否に決定的な役割を果たしたことは、つとに指摘されている [81: A. Lipp, Diskurs und Praxis, 223]。こうした言説やイメージ、神話の成立や普及を指摘し、それぞれが社会に与えた影響を明らかにしたことは、文化史的軍事史研究の成果といえよう。ただし、A・リップがいみじくも主張するように、一九世紀の軍事史研究は、軍隊や戦争という狭い枠から急速に離れつつある [81: Diskurs und Praxis, 226-227]。兵士たちが抱く解釈や認識の構造であるとか、彼らの世界像・社会像、あるいは価値や判断基準といったテーマは、たしかに新しい軍事史の中心的課題である。しかしながらその一方で、文化論的転回の反響により歴史学の様々な分野でテーマが拡散し、軍事的な価値がいかに受容・伝承されたかという問題や、社会的コミュニケーションや相互作用の過程のなかで戦争や暴力がどうイメージされたかという問題は、ますます歴史学一般のテーマになっている。このことは、たとえば市民層研究やナショナリズム研究のような、戦争と軍隊の果たす役割が他の分野に比べて明らかに低い分野について妥当する。「文化史としての軍事史には、ここに明らかに境界が――あるいは無限の広がりが――存在する」のである。[9]

6 技術史

軍隊と技術の共生関係

一見したところ、軍事史で技術史的側面を考慮に入れるのは、当たり前のことのように思われる。兵器関連資材や武器は兵士の日常を左右するだけでなく、戦闘や戦争における最重要の要素でもあるからである。それゆえ、S・カウフマンが述べた軍隊と技術の「共生関係」は、当を得た指摘である［73: Technisiertes Militär. 196］。しかしながら軍事史は、これまで技術というテーマを他の分野とまったく無関係に論じてきたのであって、この点については議論の重点に違いはあれ、アイヒベルク、ヴァレ、カウフマンらの強調するとおりである［88: H. Walle, Bedeutung der Technikgeschichte; 313: H. Eichberg, Militär und Technik; 319: S. Kaufmann, Kommunikationstechnik und Kriegführung］。彼らの主張はこうである。軍隊の技術的側面を国家・社会・経済の発展と多面的に関連づけて考察した包括的な研究は、今なお欠落している。つまり、作戦計画の歴史や戦闘の歴史では、戦争における技術をしばしば目的のための単なる手段として描き、兵器の歴史はせいぜい、生産条件や技術上の発明を述べる程度であった。また技術史はたいてい図版を駆使して、細事にばかりこだわる叙述に終始してきた。したがって今後の研究は、軍事技術の社会的影響にもっと重点を置くとともに、戦争の技術に条件付けられた技術革新がもたらす権力の移動をテーマにせねばならない、というのである。M・v・クレーフェルトの考察に従うなら［312: Technology］、そもそも技術とは、武器や兵器関連資材だけでなく、軍備に関わるすべてのもの、コミュニケーション手段、輸送手段、建築物、インフラなども含めて理解すべきものである。

包括的概念としての技術

技術の影響はしたがって、兵站、戦略、作戦計画、戦術、偵察、指揮・命令など、いわば軍隊と戦争に直接関わる中核領域に対してだけでなく、人々の思考や認識、さらには社会、経済、文化にも及びうる。単線的モデルを立てれば、兵器の開発構想からその投入に至るまでの生産技術の展開が叙述され、これに合わせて兵器の使用方法が解説されることになるが、このようなモデルから出発するよりはむしろ、複線的モデルを設定して、そのなかで独自のダイナミズム、意図されなかった相互の影響、システム全体の機能障害にも目を向ける必要があろう［319: S. Kaufmann, Kommunikationstechnik und Kriegführung; 323: D. E. Showalter, Weapons and Ideas］。新たな技術は、技術革新の要請だけに左右されるのでは決してなく、同時にそれは、権力側の一定の打算や、社会的紀律化を進める特定の担い手とも関連している。さらに考慮すべきは、必ずしもすべての兵器開発計画が、完成の域にまで達したわけではないことである。たとえば、軍備での優位が明らかなのにもかかわらず、政治的・経済的・社会的な配慮から、新しい技術の構築と利用が阻害された場合がそうである。

7 政治史

政治史の一部としての軍隊

政治史の分野への軍事史の拡大をここで論じれば、一見して奇異な感を抱く向きもあろう。一九世紀末や二〇世紀前半においては、歴史をまずもって事件史・政治史として理解する歴史哲学的解釈や方法論が圧倒的な影響力をもっていて、そこでは必然的に、また歴史家の論理においても、外交と対外政策が叙述の中心を占めたからである。この時期、歴史学全体を支配していた事件史・政治史においては、たしかに軍隊と戦争がテーマとして取り上げられた。しかしその場合でも、軍隊と戦争は政治目的のための手段として、外交政策に含まれる一要因として理解されたに過ぎなかった。軍事史の観点から多くの史実が、なかでも具体的な戦争に関する史実が解明され、その成果には世論の関心も集まった。ただしそれは、相応の代償を払って得られたものであり、軍事史は政治史の一部に過ぎないという認識に甘んじて得られた成果だったのである。一九世紀を対象とする研究にとっては、とりわけ政治と軍事の関係が重要であろう。

軍事と政治の機能的連関

政治と軍事の関係については、二つの異なった立場が長い間支配的であった。第一のそれは、戦争を他の手段による政治の延長ととらえたカール・フォン・クラウゼヴィッツの立場で、彼はこうとらえることによって、政治と軍事の分離を高い次元で克服した。T・メルゲルによると、クラウゼヴィッツのこの見解は、軍事と政治の一体化であった。つまり、政治と軍事は一種の分業と機能連関の関係にあって、この機能連関が最終的に政治の軍事化、あるいは軍事の政治化をもたらした、というのである［83: Politikbegriffe in der Militärgeschichte, 147-148］。M・メッサーシュミットとF・フィッシャーは政治と軍事の緊密な協働関係を指摘し、第一次世界大戦の勃発をその帰結と解釈した［214: Militär und Politik in der Bismarckzeit; 206: Bündnis der Eliten］。

もう一つの立場を代表するのは、G・リッターである。数巻に及ぶ彼の著作『政治と軍事』は、直接的には第二次世界大戦に衝撃を受けて著されたとはいえ［54: Staatskunst und Kriegshandwerk］、彼は政治と軍事の関係一般にまで話を拡げて自らの立場を論じている。リッターによれば、軍事と政治は互いに異なった分野である。軍事は政治に従属するべきであり、軍人は理想的には非政治的存在でなければならない。このような「文民的政治観」に立てば、戦争は時として生じる必要悪に過ぎず、決して「政治家が生来抱く関心事」ではなかった。「真の政治家は、平和を欲するがゆえに戦争を控えねばならなかった」のである〔83: T. Mergel, Politikbegriffe in der Militärgeschichte, 145〕。リッターはさらに政治と軍事の関係を、特に軍事化論争の観点から考察し、第一次世界大戦前夜の数年間については、将校団が政治に及ぼした不幸な影響を論じた。クラウゼヴィッツに見られた政治と軍事の一元論、そしてリッターにおける二元論のいずれの試みも、ともに目ざすところは個人よりも構造であり、結局日常史や文化史の視角は完全に排除されている。メルゲルはそれゆえ、従来と異なる政治概念を、すなわち政治をコミュニケーション過程と理解する、より包括的な政治概念を提唱している〔83: Politikbegriffe in der Militärgeschichte, 149-156〕。J・デュルファーが打ち出す方向もこれに似ている。彼は、軍事システムと政治システムを切り離して考えることに反対し、政治決定にまで導く様々な要因を挙げている。デュルファーによれば、様々な構造的圧力のなかにありながらも、行動の自律性を保つのが政治である。

一元論と二元論

コミュニケーション過程としての政治

「政治史的軍事史研究が取り組まねばならないのは、軍隊の編成が政治決定される際に、戦争、暴力、暴力を伴う脅迫、安全保障がいかなる役割を果たすか、という問題なのである」[68: Militärgeschichte und politische Geschichte, 133]。

8 都市史

都市史は本来、中世後期と近世について研究が進められてきた。というのも、この時期に都市共同体が経済、社会、国制のいずれの面でも特権的地位を占めていたからであるが、実のところ都市史は、一九世紀についても、今や流行の感がある市民層研究とならんで研究が盛んである。ただし、その問題設定や方法論が中・近世のそれと異なるのは、いうまでもない。一九世紀の都市史は、様々な点で軍事史の重要な論点を提供してくれる。この例を示しているのが、コブレンツ[232: T. Tippach, Koblenz]、ニュルンベルク[223: T. Bruder, Nürnberg]、ミュンヒェン[228: C. Lankes, München]、レーゲンスブルク[230: W. Schmidt, Stadt und ihr Militär]などの研究である。

一九世紀初頭に大規模な改革と自由化の波が押し寄せた後、都市はもはや旧ヨーロッパにおける諸特権を失ってしまったが、それでもなお、社会や経済の領域で軍隊と社会が相互に及ぼす影響、兵士の日常生活と経済基盤、駐屯軍と都市住民との文化交流といったテーマについては、焦点を絞って掘り下げた研究をすることが可能である。第一に、都市化論をもとにして、都市住民や都市社会が駐屯都市の将校・兵士に与えた影響が考察され、これによって軍隊が都市に及ぼした影響と、逆に都市が将兵の行動や生活様式に与えた影響が実証された。それはまた、軍事化テーゼの妥当性の検討にも関連している。

都市化論

第二に、都市における軍事施設や兵舎が、建築史や都市建設史の視点から解明された。たとえばC・ランケスがミュンヒェンを例に指摘するように、部隊の兵舎、司令部と軍事教育機関、衛兵所と軍事刑務所、給養施設と兵器庫、教練場や観兵式場、野戦病院、軍隊付属教会や軍人墓地などは、都市の景観を大きく左右した［228: München］。都市拡充の動き、たとえば住宅地域のインフラ整備や放置区域の再開発、都市中心部の移転、新しい中心部の建設などもまた、軍隊と関連していた。さらに重要なのは、いうまでもなく要塞都市の影響である。要塞都市は一九世紀においても、純粋な駐屯都市の役割にとどまらない、直接的な軍事的・戦略的機能を果たしていた。T・ティッパハは、コブレンツとエーレンブライト

軍隊と都市建設

駐屯都市と要塞都市

シュタイン要塞を例に、この点を跡づけている。すなわち、この都市では要塞によって土地不足が生じ、不動産市場が圧迫されたため、都市はまったくの苦境に陥っていたというのである［232: Koblenz］。

都市の駐屯軍による経済刺激

第三に、都市住民は軍隊のおかげで、景気に左右されない国家主導の経済刺激の恩恵にあやかった。この刺激も様々で、土地行政官庁による不動産売買、軍事施設の建設および修理業務の受注、駐屯軍将兵の個人的購買力を通じてのものなどがあった。W・シュミットはレーゲンスブルクを例に、この地への軍事施設の建設が地元の土建業を活性化した、と結論づけている［230: Stadt und ihr Militär］。そのうえ、兵士は大口の消費者であり、彼らのおかげで商工業者は商品を大量かつ恒常的に販売できたので、駐屯地のインフラ整備を都市が担った場合ですら、全体としてはプラスの効果を見込むことができた。したがって、R・ブラウンとC・イルツィクが簡潔にまとめているように［222: R. Braun, Garnisonswünsche; 227: C. Irzik, Sicherheits- und Wirtschaftsmotive］、多くの都市が駐屯地の誘致を真剣に乞い、たとえば土地を無償で提供したり、立地条件の他の利点を示して軍事省に働きかけたとしても、それは驚くにあたらないのである。

都市における軍隊と日常

第四に重点的に考察されたのは、駐屯軍と都市住民の関係である。軍隊の駐屯に伴うネガティヴな現象としては、名誉をめぐる争い、乱闘、虐待、売春などがたしかに指摘されるけれども［228: C. Lankes, München, 616-649］、全体として見れば、やはり駐屯軍と都市住民のポジティヴな関係の方が勝っていたように思われる。街路や中央広場、居酒屋などでの現地住民と兵士の接触が描かれたり、都市民と駐屯軍将兵の友好的関係や結婚が論じられたりするのは、そのためである。軍人が民間の協会活動に参加したこと、将校団と都市の名望家が緊密な社交関係を築いていたことも、明らかになっている。T・ティッパハは「協会への参加や婚姻関係により、軍隊は都市に統合された」という［232: Koblenz, 293］。忘れてならないのは、軍隊が広域にまたがって兵営を建設したのは、ようやく一九〇〇年前後になってからだということである。この時点までは、一七世紀以来ずっと実施されてきた都市住民の家での宿営が、少なからぬ都市で続いていたのであって［230: W. Schmidt, Stadt und ihr Militär］、都市民と軍人がひときわ密接に交流するための場は、この宿営というかたちで存在していたのである。

都市の治安維持要素としての軍隊

第五の研究の重点は、軍隊が都市内の治安維持の要素だったという問題、さらにはこれに対する都市の要求、将官や陸軍省の治安に関する意向といった問題である。都市の治安維持をめぐっては、一九世紀の政治的、社会的発展に対応するかたちで、いくつかの見解が生まれた。有産市民層や市参事会に集う指導層は、不穏な空気の立ちこめた三月前期や革命の起こった一八四八年には、都市内に駐屯軍をすすんで受け入れようとした。この傾向は四八年以降も数年ほど続いた。というのも、特にこの時期に都市での工場経営が拡大し、驚くほど多数の工場労働者の家族が都市に移住してきたからである［227: C. Irzik, Sicherheits- und Wirtschaftsmotive］。こうした状況とは裏腹に、当初は初期自由主義者が、のちには労働者が、軍隊の存在を猜疑に近い目で見ていた。軍隊と社会民主主義の折り合いが悪かったことについては、ミュンヒェンの事例で詳述されており［228: C. Lankes, München, 455-469］、ベルリンでは、兵士と労働者の間に日常的に軋轢が生じ、時折武力対立すら起こった［233: G. Wittling, Zivil-militärische Beziehungen］。軍隊が治安維持の任務から次第に離れ、地方警察と警察が徐々にそれに取って代わったにもかかわらず、軍隊はなおも長期にわたって、公共の安寧と秩序維持の担い手であり続けた。したがって、公共の建物の前に立つ儀仗衛兵、軍隊によるパトロール、夜間の居酒屋の手入れ、市門での検問などは、ドイツの駐屯都市や要塞都市に典型的な光景として、一九世紀を通じてずっと見られたのである。都市の側からの治安維持要請に軍指導部は応じたが、両者の意向が完全に一致することはきわめて稀であった。部隊の配備にあたっては、むしろ都市を超えた国家や地域全体の治安維持の観点が優先し、はるか先を見据えた戦略的思考がその根底にあったのである。

軍隊は都市の公共の場に現れ、自己演出をした。第六の、最後の重点はこの問題である。C・ランケスは、ミュンヒェンにおける軍隊の演出技術を詳細に分析して、公道上の軍隊が人目を絶えず引いた様子を説得力十分に描いた。それによれば、定期的パレードをはじめとして、祭典パレード、祝勝パレード、日々の行軍などが、念入りな計画に従って行われたのであった。しかしながら、ランケスはむしろこれを「ミュンヒェンにおける軍国主義の一場面」と総括している［228: München, 495］。

第四章　一九世紀ドイツ軍事史の核心問題

1　軍国主義と軍事化

軍事化テーゼと特有の道テーゼ

軍国主義ないし軍事化という学術用語は、一九世紀の歴史を解釈し、叙述する際のひときわ重要な概念である。R・コゼレックの言葉を借りれば、これらは近代で用いられる用語であって、市民社会の構造を説明する重要な集合概念であり、運動概念である。軍国主義はしかも「ドイツ特有の道テーゼを成り立たせる、最後にしてもっとも強固な稜堡の一つ」である［344: B. Ziemann, Sozialmilitarismus und militärische Sozialisation, 153］。というのも、このテーゼによれば、ドイツ帝国では軍隊がとりわけ特権的な地位を占め、国家や国制、経済、社会に絶大な影響を与えた。そのためドイツは西欧的な発展の道から逸脱し、権威的で反民主的な、まさに軍国主義的な発展を遂げて、最終的に二つの世界大戦とナチスの暴力支配へ至ったとされるからである。

同時代人の軍国主義批判

軍国主義という現象の究明は、すでに相当前から始まっていた。散発的ではあるが、帝政期後半には同時代人が軍隊の優位を告発していたし、一九二〇年代には一連の研究が現れ、第一次世界大戦を軍国主義の直接の帰結と見なした［331: V. R. Berghahn, Militarismus 所収の諸論文］。W・ヴェッテの編集した論文集では、帝政期における様々な軍国主義批判の論点が叙述されている。たとえば、カトリック勢力による軍国主義批判や［340: D. Riesenberger, Katholische Militarismuskritik］、クヴィッデの文筆活動［334: K. Holl, Militarismuskritik in der bürgerlichen Demokratie］、社会民主主義者が「装飾された軍国主義（Dekorationsmilitarismus）」と呼んだ批判などであり［338: B. Neff, „Dekorationsmilitarismus"］、さらには女性からの批判や［336: U. Kätzel, Militarismuskritik sozialdemokratischer Politikerinnen］、将校による批判さえあった［328: D. Bald, Offizier als Kritiker des preußisch-deutschen Militarismus］。

政治上・憲政上の現象としての軍国主義

一九四五年以降、軍国主義はおもに政治上・憲政上の現象としてとらえられた。G・リッターの定義、すなわち軍国主義を「一般に、ある国家の基本的政治姿勢において軍事的・闘争的傾向が著しく優勢な状態」とする定義は［54: Staatskunst und Kriegshandwerk］、長い間ほぼ通説的見解であった。一九七〇年代にはじめて、社会史的・構造史的側面がこれに加わった。たとえばＥ・ヴィレムスは、文化人類学的・社会学的視角から、プロイセン＝ドイツ軍国主義を「社会変動のなかにある文化的複合体」として描いた［343: Der preußisch-deutsche Militarismus］。同時に、ドイツにおける軍国主義の起源はどんどん前の時代に求められ、今や一七世紀中葉の常備軍成立期が、いわば軍国主義の発展全体の出発点と目されるようになった。時間軸のこうした劇的な拡大と並行して、この現象はグローバルな研究のなかで、空間的にもかなりの広がりを見せた。たとえばＷ・ヴェッテは、軍国主義の様々なタイプを指摘し、具体的には、第三世界における軍民関係を、西側高度資本主義世界の軍産複合体と比較した［342: Militarismus in Deutschland］。

文化的現象としての軍事化

国際的論争と比較分析

その間に国際的論争も展開された。なかでも比較の試みは、各国に見られる個々の現象を従来より深く掘り下げて評価できるので、豊かな成果を上げている。たとえば、Ｊ・フォーゲルはドイツとフランスを、Ｃ・ヤールはドイツとイギリスを比較した［341: J. Vogel, Der „Folkloremilitarismus"; 335: C. Jahr, British Prussianism］。「心情からの武装（mentale Aufrüstung）」という概念を用いてフランスとドイツの軍事化傾向をとらえたのは、M・インゲンラートである［339: Mentale Aufrüstung］。彼は、軍制と兵役システム、学校と余暇におけるナショナリズムと祖国愛の働き、軍隊の構造と軍事イデオロギーの象徴を検討して、この現象を把握しようとしている。

史料に現れた軍国主義概念

ここ数年の間に、軍国主義と軍事化は以前より慎重に、そしてきめ細かく評価されるようになった。B・ツィーマンは、軍国主義概念がいつ史料に現われたかを検討し、それが一八六〇年代に「バーデン、バイエルン、ヴュルテンベルクの分邦主義者、民主派、カトリック勢力による反プロイセンのスローガンとして」登場すると論じた［344: Sozialmilitarismus und militärische Sozialisation, 150］。ヴィルヘルム時代には、この反プロイセン的スローガンにさらに多くの意味が加えられた。この概念は元来論争的性格のものであり、まさにそれがゆえに、史料の次元の問題と解釈の枠組みのそれとが「欺瞞的といってもよいほど明瞭で、破綻もなく」同一視されてしまったのである。しかもその際、軍国主義概念には否定的なイメージが付与された。軍国主義は、プロイセン＝ドイツ社会を操作して教化するために上から推し進められたものであり、帝国政府、参謀本部、特定の利益団体によって主導された体制、というマイナスの固定イメージが織り込まれたのである。

その後、社会史、日常史、文化史からの問題提起により、どのような種類の軍事化であれ、その射程と特徴が追求される一方で、軍事化の過程を推進した主体や伝達媒体が究明されることになった。

軍国主義概念の拡散

その一つの結果が、軍国主義概念の拡散である。長い間、社会軍国主義（Sozialmilitarismus）といえば、様々な住民集団への軍事的価値観の浸透と理解されていた。H・U・ヴェーラーによれば、職業将校が独自の名誉観念をもつ特権、市民社会における軍隊的習慣や態度の蔓延、軍隊を前にしての「直立不動姿勢」などが「社会の隅々に至るまで」浸透したという［55: Deutsche Gesellschaftsgeschichte, Bd.3, 880-885］。しかしながらその後、軍事化の過程をより控えめに評価する研究が現れ、生活世界に根差して「下から」発生した軍事化の過程が注目されるようになった。この研究成果に従えば、自らすすんで軍隊に接近しようとする姿勢が、青年男子を中心に女性にも広まっていた。

民衆文化の軍国主義、心情的軍国主義

また在郷軍人会や予備役兵団体［169: E. Trox, Militärischer Konservatismus; 216: T. Rohkrämer, Der Militarismus der „kleinen Leute"］を通じて、民衆文化《フォークロア》の軍国主義（Folkloremilitarismus）なるものが［341: J. Vogel, „Folkloremilitarismus"］、すなわち心情的軍国主義（Gesinnungsmilitarismus）が育まれ、民衆に広まった。下層民や中間層にこうした気質をもたらした決定的

な要因は、兵役義務と兵営生活であったとされる。兵役義務は、青年男子を新しい世界へ、おそらく彼らを驚愕させたであろうが、それでもやはり魅力的な世界へと導いたのである。農村での単調な生活や、監視機構が相当に行き届いた都市の労働環境に対して、この軍隊という世界は、それまでの環境とは別個の、新たな自由の空間になりえた。そして、軍隊で展開された統合作用こそが、一八七一年以後の国民形成という経験を可能にしただけでなく、軍隊自体の地位を明確に高めた、というのである［243: U. Frevert, Das jakobinische Modell; 244: dies., Die kasernierte Nation］。B・ツィーマンは、この解釈には「史料上、解釈上の大きな問題点」があり、また兵役義務の実際にはこれと反対の傾向も同様に見られるとして、こうした解釈を疑問視し、その背景を探っている［344: Sozialmilitarismus und militärische Sozialisation, 154-159］。

調整的軍国主義

社会の様々な分野で進行したこの軍事化の過程に、ドイツ第二帝政期という時期的に限られた軍事化の局面が加わることになる。たとえば、F・ベッカーはドイツ統一戦争、とりわけドイツ=フランス戦争により生じた調整《ジンテーゼ》的軍国主義（Synthetischer Militarismus）が、一八九〇年頃まで存在すると論じた。この調整的軍国主義では、住民の大衆的関与と国家によるその操縦が相俟って、比類ない影響力を及ぼしたという。「こうして動員は、国家と社会を束ね、保守的な軍隊の伝統と市民的な軍隊の伝統とを効果的に繋げる象徴になった」［329: Strammstehen vor der Obrigkeit, 96-97］。したがって、この調整的軍国主義――それを育んだのは、一八七〇・七一年の戦争についてメディアが作り上げた記憶文化であった――は二重の特徴を備えていた。ベッカーによれば、重要なのは国民の参加、つまり軍隊への国民の意識的な関与であり、それと同時に、業績と専門性を正当性の根拠とする指導層からの要求を、国民が受け入れることであった。これによって、軍隊を伝統的官憲と同一視する右派軍国主義と、この官憲に対抗して民兵と国民武装を標榜する左派軍国主義の対立が調整された、というのである［330: F. Becker, Synthetischer Militarismus, 130-131］。

二つの軍国主義

一八九〇年以後、第一次世界大戦までの時期について、S・フェルスターは二つの軍国主義の存在を認めた。彼によれば、軍国主義とは「軍隊が国内の秩序維持ないし対外攻撃という本来の目的から逸脱すること、そしてこれと密接に関連しながら、他の政治領域に対して軍事政策を過度に強調すること」である［314: Der doppelte Militarismus, 6］。二つの軍国主義はそれゆえ、一方で共同体の内的安定を目ざし、他方で攻撃的な対外政策を行う前提になった。フェルスターはこの

融合的軍国主義

二つの軍国主義、すなわち保守的軍国主義と市民的軍国主義を分けて考える。前者は将校団、軍事内局、皇帝、陸軍省に担われ、後者は急進右派の宣伝団体を通じて帝国主義的目標を唱え、軍事力の可能な限りの拡充を要求するものであった。

調整的軍国主義モデルの延長線上に、B・R・クレーナーは融合的軍国主義(Integrationsmilitarismus)を試論として提起した[337: Integrationsmilitarismus]。それによれば、一八九〇年頃の世代交代が将校の専門職化をきわめて強力に推進し、将校は出生身分から職業身分へと決定的に変化したという。この点で、クレーナーはフェルスターに対立する。というのも、前者の主張によれば貴族と市民層は、まさに将校の専門職化を通じて、従来想定していたよりもはるかに緊密になったからであり、また市民的性格の経済帝国主義――これが業績主義的な競争や軍艦建造の背景にあった――を通じても、二つの社会層の間にはきわめて多くの接点が生じたからである。

2　暴力と総力戦

戦争と平和の定義をめぐっては、歴史的平和研究だけでなく、国法学者もまた努力を重ねてきた。二〇・二一世紀に生じた政治・技術・経済の発展がこれらの概念をますます不明瞭にしている一方で、一九世紀については、少なくともC・v・クラウゼヴィッツの著作をもとにして、いくつかの点が確認できる。クラウゼヴィッツは、戦争を国家間の対決ととらえる［5: Vom Kriege］。近世の国家法に全面的に依拠した彼は、宣戦を布告し、戦争を遂行する主体を国家だけに認めたのである。さらに彼は、戦争を空間的・時間的に限定し、それに関与する人員についても区別を設けた。つまり、戦闘員と非戦闘員、前線と銃後、戦時と平時、国内で執行される権力と対外的な軍事力が、区別されたのである。もちろんこのような区分は、一九世紀の段階ですでに問題視されていた。戦争と平和をめぐる議論はその後、おもに二つの方向でさらに続いている。一つは、行使しうる手段を全面的に投入して世界規模で展開される戦争、つまり総力戦の原因と発生条件を問うものであり、もう一つは、暴力の形成とその行使のあり方を問うものである。

すでに一八世紀（スペイン継承戦争や七年戦争など）において戦争は世界規模に広がっていたが、それでもやはり世界戦争に分類される戦争は、一七九二年から一八一五年までのフランス革命戦争とナポレオン戦争が最初である［104: S. Förster, Weltkrieg］。同時にこの戦争は、総力戦の様相を呈した最初の武力衝突としても描かれる。こうした歴史的評価を下す基準になっているのが、E・フェーレンバハの強調した戦争の政治化であり、戦争のイデオロギー化である。「革命は戦争を変容させ、戦争は自由のための十字軍というイデオロギー的性格を帯びたが、逆に戦争もまた革命を変容させ、革命は急進的なジャコバン主義の局面へと転化した。したがって、戦争のイデオロギー化が革命の影響を受け、革命の急進化が戦争の影響を受けたことは、誰の目にも明らかである」［103: Die Ideologisierung des Krieges, 57］。これにより、外交と内政を分けることも、戦闘員と民間人を分けることも、もはや不可能になってしまった。「フランス革命は、戦争の総力戦化へ向けての決定的な一歩であった。……なぜなら、今や国民全体が戦争へと動員されたからである」［348: A. Herberg-Rothe, Krieg, 33］。戦争の再評価もまたこうした動きを下支えした。敵国の正当性を甚だ貶める戦略と結びついて、戦争は今や道徳的に価値を高められ、肯定的な意味合いを与えられたのである。E・ヴォルフルムはこれに関連して、二つの軍事革命について述べている。彼によれば、一五〇〇年から一八〇〇年の間に生じた最初の革命は、火器の改良や戦争の学問化、常備軍の創設をもたらし、一七八九年のフランス革命の精神を起源とする二度目の革命は、一般兵役義務と総力戦的奉仕義務をもたらしたのであった［57: Krieg und Frieden, 56-57］。

フランス革命とナポレオン戦争に画期を見るこうした時期区分に、すべての研究者が従おうとしているわけではない。ヴィーン会議とともに旧秩序と従来の戦争形態がさしあたり回復した、と指摘する者もいれば［345: M. v. Creveld, Die Zukunft des Kreiges］、クリミア戦争からアメリカ南北戦争、ドイツ=フランス戦争を経て、直接第一次世界大戦へ至る一種の段階モデルを提起して、一八〇〇年前後の時期はこの発展の始まりに過ぎないと見る者もいる。

国家による戦争か、国家も戦争もない暴力か

研究のもう一つの重点は、戦争と国家を一対にしない考え方である。「国家による戦争」の考察では、まさにクラウゼヴィッツに沿ってもっぱら正規の戦争に関心を向けるが、これに対して戦争の暴力自体、いやそれどころか暴力全般に焦点を当てる研究は、その暴力が物理的性格のものであれ、心理的性格のものであれ、社会学的・人類学的視野に道を開くことになるのである。

訳注

〈1〉原語は「Staatsbürger」。前近代におけるような王の臣民、つまりたんなる支配の客体ではなく、憲法によって定められた権利義務を有し、かつ参政権を通じて支配にも参加しうるような近代的な市民のことをいう。「国家市民」と訳されることも多いが、本書では「公民」の訳語で統一した。

〈2〉原語は「Volksbewaffnung」。Volkの訳語としては「人民」「民衆」「国民」「民族」などが考えられるが、フランス革命以前の時代には、国民国家の構成員である国民はまだ問題とされないので、ここではより一般的な「人民」という訳語をあてた。またこの文脈で、フランス革命以降については「国民武装」という訳語も考えられるが、訳語が煩雑になるのを避けるために、本書ではVolksbewaffnungを「人民武装」の訳語で統一した。

〈3〉原文では一七七六年の権利章典と記されているが、著者に問い合わせたところ、これは間違いであるとして、正確な年号と補足の文章が示された。本書ではその訂正文に基づいて訳した。なお権利章典は、アメリカ合衆国憲法の最初の修正条項である修正第一条から修正第一〇条に相当する。ここで念頭に置かれているのは、その第二条「規律ある民兵は、自由な国家の安全にとって必要であるから、市民が武器を保有し、また携帯する権利は、これを侵してはならない」のことである。

〈4〉国土防衛軍は当初、常備軍の軍管区ごとではなく、地方自治体ごとにそのイニシアチヴで編成され、独自の将校団を有し、志願での一年兵役を終えた市民層出身者にも将校となる道が開かれるなど、常備軍とは別個に組織された部隊であった。またその役割も、戦時に常備軍の補助として国内防衛の任にあたることにあった。だが、その独自性は年を追うごとに切り崩され、最終的には一八五〇年代末からはじまるA・v・ローンの軍制改革により、完全に常備軍の下部組織となった。本書ではこうした歴史的経緯に鑑みて、Landwehr については、ローンの軍制改革までを「国土防衛軍」、その後を「後備役」と訳し分けた。また Landsturm については、それが戦時にのみ国土防衛のために召集される国民総動員的組織であることから、「国土民兵隊」と訳した。

〈5〉Konskription（英語は Conscription）について、わが国では一般に「徴兵制度」の訳語があてられてきたが、徴兵制度を、成年男子に原則上一律に課せられた兵役義務と理解するなら、ドイツ語の Konskription の訳語としてこれは不適切である。なぜなら、Konskription はもともと前近代的概念で、兵役義務を課せられた者を徴集するという点は近代の「徴兵制」と同じであるが、身代金による兵役免除と代理人を立てることを当然に認める制度だったからである。そこで本書では、Konskription の訳語として「徴集制度」をあてることにした。ちなみに、例外を認めない国民皆兵の原則をあらわすドイツ語は allgemeine Wehrpflicht（一般兵役義務）であり、二〇世紀初頭のドイツでは、Konskription は allgemeine Wehrpflicht に取って代わられたと理解されていた。

〈6〉ドイツ連邦を構成する邦国の数は時期によっても、数え方によっても異なる。教科書的な記述では三九と表記されることが多いが（例えば、末川清「ウィーン体制下の政治と経済」『世界歴史大系ドイツ史　第二巻』山川出版社、一九九六年、二二三頁）、ここでは原著にしたがって四一とした。

〈7〉これらの問題は、歴史学における言語論的転回のことを指す。歴史学における言語論的転回とは、G・シュピーゲルの定義に従えば「言語は人間の意識や意味の社会的生産を構築するアクターであり、わたしたちは、言語のあらかじめコード化された知覚というレンズを通してのみ、過去および現在における世界を理解できる、という観念」（小田中直樹「『言語論的転回』以後の歴史学」『岩波講座哲学一一　歴史／物語の哲学』岩波書店、二〇〇九年、一二四頁から再引用）のことである。

〈8〉内面指導とは、連邦軍設立の理念である「制服を着た市民」を具体化するための指導のこと。命令と服従を原則とする軍隊という階級社会にあっても、軍人には他の国民と同様の権利があることを保障するとともに、盲目的服従ではなく、秩序と自由の緊張関係のなかで「ともに考えること」(mitdenken) のできる軍人の養成を目指す。

〈9〉この部分の文章は若干分かりにくいため、以下にプレーヴェが要約・引用したリップの論文の該当箇所を訳出しておく。「一九世紀の言説のなかで、軍隊と国民、軍隊と男性性が結びつくことにより、市民社会の価値規範や判断規範のなかに軍事的要素が入り込んだ。ナショナルな色彩を帯びた兵士像、軍事的色調の強い公民像が構築されるにあたって、（軍隊と関係のない）市民的公共性はかなり大きな役割を果たしていた。この側面を考慮しなければ、軍隊と市民社会の関係は十分に理解することができないのである。しかしながら、兵士や戦争のイメージを創り出す市民は、はたして軍事史の研究対象なのだろうか。文化史としての軍事史には、ここに明らかに境界が――あるいは無限の広がりが――存在する。それを文化史的観点から軍隊とそのアクターだけを考察する研究にするか、それとも、軍事的なものが社会的価値に及ぼすすべての過程をも対象にした研究にするかは、軍事史を規定する論者の立場によって異なってくる。第二の選択肢を選んだ場合、文化史的に広い範囲に拡大された軍事史と、市民研究およびナショナリズム研究との間の線引きは、きわめて困難になってくるであろう」。A. Lipp, Diskurs und Praxis. Militärgeschichte als Kulturgeschichte, in: T. Kühne/ B.Ziemann (hrsg.), Was ist Militärgeschichte?, Paderborn 2000, S.227.

訳者あとがき

本書はRalf Pröve, Militär, Staat und Gesellschaft im 19. Jahrhundert, München 2006の全訳である。原書はロタール・ガル編の著名な歴史入門叢書『ドイツ史百科』Enzyklopädie deutscher Geschichteの一冊である。従来の概説や入門書は、時代別に編成し、その内部において政治史、経済史、文化史などの章別構成をとるのが一般的であるが、この入門シリーズは、テーマ別にそれぞれ独立して一巻をなしているのが特徴である。時代的には中世史、近世史、一九・二〇世紀に分け、それぞれの時代における重要なテーマを百以上取り上げているので、ある特定のテーマに取り組む研究者にとっては大変便利なものである。またこの叢書は、その章別編成にも特徴がある。どの巻も三部構成で、第Ⅰ部はそれぞれのテーマに関する概説、第Ⅱ部はそこでの重点的な個別諸問題とそれに関する研究動向、第Ⅲ部は史料・文献となっており、歴史家や学生にとって格好の入門書といえよう。

本書は軍事史を対象としている。その基本的ねらいは、「新しい軍事史」である。従来、軍事史といえば、主として戦略・戦術・軍事技術などを中心としたいわゆる「戦史」が一般的であった。しかし本書が目指す「新しい軍事史」は、軍隊や戦争を、国家や社会など歴史の諸分野との関連において把握し、その相互の関係を明らかにせんとするものである。つまり歴史学の側から軍事史をテーマにしたものである。これはドイツでは、およそ一九九〇年以降開拓されてきた分野である。著者の「日本語版への序文」にあるとおり、この叢書には、当初は軍事史についての巻は予定されていなかった。しかし近年のドイツにおける新しい軍事史研究の目覚ましい進展に鑑みて、その後同叢書に収録されるようになったのである。計画では、本書で対象としている一九世紀のほかに、中世後期・近世と二〇世紀を対象とした二巻が予定されている。

本書の特徴としては、いくつかの点が指摘できる。

第一に、本書が対象とする時期、いわゆる「長い一九世紀」のとらえ方が独特である。一般的には「長い一九世紀」は、フランス革命あるいはプロイセン改革から第一次世界大戦までのいわば「市民社会」の時代を意味し、それ以前の近世との違いが強調されてきた。しかしプレーヴェは「長い一九世紀」を、一八世紀の七年戦争ころから一八九〇年ころまでとしている。その意図は、通説とは異なり、近世との関係により多く注目しているのである。一八世紀後半の啓蒙期から一九世紀前半を長い移行期ととらえたのは、ブルンナーやコゼレックなどによる概念史研究であった。コゼレックは時代の画期を一七六〇年代とし、それ以降の約半世紀を構造的な大転換期と理解して、それを Sattelzeit と表現した。この考え方は今では日本でもかなりの程度受け入れられている。それに対してプレーヴェは、軍事史の観点からさらに一九世紀終末まで含めて考え、「長い一九世紀」を、旧ヨーロッパにおける身分制社会から、現代の大衆社会への過渡期ととらえているのである。本来近世史から出発したプレーヴェが、その後一九世紀史にまで研究対象を拡大したことを考えると、この視点は興味深い。

第二に、本書は一九世紀のドイツ軍事史に関して、歴史学の側から著された初学者向けの最初の入門書であるということである。

もとより、すでにいくつかの包括的な著述はある。近世に関するノヴォサトコの立派な軍事史研究入門（Jutta Nowosatko, Krieg, Gewalt und Ordnung, Tübingen, 2002）、近世から第二次世界大戦までを対象とし、個別諸問題に関する研究と論争を概観した手ごろなヴォルフルムの著作（Edgar Wolfrum, Krieg und Frieden in der Neuzeit, Darmstadt 2003）、さまざまな分野から軍事史を扱った今日の研究水準を示すキューネとツィーマン編の論集（Thomas Kühne/Benjamin Ziemann (Hrsg.), Was ist Militärgeschichte, Paderborn, München, Wien, Zürich 2000）などである。しかし一九世紀に関して概説と今日の研究動向を兼ね備えた初学者向けの入門書としては、本書が最初の試みであるといってもよい。本書の特徴は、とりわけ第Ⅱ部の軍事史に関するもろもろの新しいテーマとその研究状況の叙述によく表れている。従来の軍事史ではほとんどテーマ化されなかった諸問題が研究対象となっているのである。時系列に沿ってみれば、たとえば軍隊と啓蒙や、三月前期におけるそれぞれの社会層の軍隊観、四八年革命と軍隊や、一九世紀後半の軍事革命などに関する研究の現況とその成果が要領よく整理されている。さらにまた、軍事史とさまざまな研究分野との相互の関係に関する研究状況も概観している。政治史や経済史の観点からみた軍隊だけではなく、都市史と軍事史、ジェンダー史のなかの軍隊、さらに文化史と軍事史の交わりなど広い意味での社会史と軍事史の諸関係を、個別諸問題に即して解説しているのである。ジェンダー史からみた軍隊、軍事史と文化史の関係などは、本書の面目躍如たるものがある。このように本書は、今日における軍事史研究の広がりが一望できる仕組みになっているのである。そしてそのような研究成果をふまえて、第Ⅰ部では、長い一九世紀における軍隊と戦争の歴史を、国家と社会の中に位置づけて叙述している。新しい軍事史の概説として、今後のモデルとなろう。

著者プレーヴェの経歴と業績を紹介しておこう。プレーヴェは一九六〇年、ドイツ・ニーダーザクセンのツェレで生まれた。ゲッティンゲン大学で歴史学、ドイツ文学、教育心理学を学び、一九九二年にゲッティンゲン大学に博士論文を提出、軍事史関係の優秀な著作に与えられるハールヴェーク賞を受けた。一九九二年から九八年までベルリンのフンボルト大学で助手を務め、一九九八年には同大学で教授資格論文が受理される。その後マールブルク大学、ポツダム大学で教え、二〇〇五年ポツダム大学哲学部、史学科、軍事史・暴力史の文化講座の員外教授となり、今日に至っている。

プレーヴェは多数の著書、論文を著している。著書は以下のとおりである。

［単著］

・Stehendes Heer und städtische Gesellschaft im 18. Jahrhundert. Göttingen und seine Militärbevölkerung 1713-1756, München 1995.

・Stadtgemeindlicher Republikanismus und die „Macht des Volkes". Civile Ordnungsformationen und kommunale Leitbilder politischer Partizipation in deutschen Staaten vom Ende des 18. bis zum Mitte des 19. Jahrhunderts, Göttingen 2000.

・Pariser Platz 3. Die Geschichte einer Adresse in Deutschland, Berlin 2002.

・Militär, Staat und Gesellschaft im 19 Jahrhundert, München 2006.

［共著］

・Ders./H. T. Gräf, Wege ins Ungewisse. Reisen in der Frühen Neuzeit, 1500-1800, Frankfurt a. M. 1997.

［編著］

・Ders.(Hrsg.), Klio in Uniform? Probleme und Perspektiven einer modernen Militärgeschichte der Frühen Neuzeit, Köln 1997.

［共編著］

・Ders./B. R. Kroener (Hrsg.), Krieg und Frieden. Militär und Gesellschaft in der frühen Neuzeit, Paderborn 1996.

・Ders./K. Hagemann (Hrsg.), Landsknechte, Soldatenfrauen und Nationalkrieger. Militär, Krieg und Geschlechterordnung im historischen Wandel, Frankfurt a. M. 1998.

・Ders./W. Neugebauer (Hrsg.), Agrarische Verfassung und politische Struktur. Studien zur Gesellschaftsgeschichte Preußens 1700-1918, Berlin 1998.

・Ders./B. Kölling (Hrsg.), Leben und Arbeiten auf märkischem Sand. Wege in die Gesellschaftsgeschichte Brandenburgs, 1700-1914, Bielefeld 1999.
・Ders/N. Winnige (Hrsg.), Wissen ist Macht. Herrschaft und Kommunikation in Brandenburg-Preußen, 1600-1850, Berlin 2001.
・Ders./M. Meumann (Hrsg.), Herrschaft in der Frühen Neuzeit. Umrisse eines dynamisch-kommunikativen Prozesses, Münster 2004
・Ders./B. Thoß (Hrsg.), Bernhard R. Kroener, Kriegerische Gewalt und militärische Präsenz in der Neuzeit. Ausgewählte Schriften, Paderborn 2008.

このほかに、約六五の論文と一二〇以上の書評を書いている。研究分野は、軍事史が中心であるが、近世・近代の社会・文化史、都市史、ブランデンブルク地方史、史学史などにまたがっている。実に精力的な活動である。

プレーヴェは、軍事史入門書の著者としては、適任であるといえよう。というのも、彼はこの分野のパイオニアともいえるB・R・クレーナーを助けて、研究面でも教育面でも新しい軍事史を開拓し、中心的な役割を担ってきたからである。その点を解説しておこう。

新しい軍事史の研究は、本書第Ⅱ部第一章でくわしく述べられているように、ドイツではフランスや英米よりも遅れ、ようやく一九九〇年代に入ってからはじまった。もとよりそれ以前から個別の研究はないわけではない。そのような前提条件がなければ、不可能なことである。無から有は生まれない。しかしそれがうねりとなったのはやはり九〇年代からで、一九九五年に二つの研究組織が発足したのが画期的であった。プレーヴェがかかわったのは「近世における軍隊と社会」研究会Arbeitskreis Militär und Gesellschaft in der Frühen Neuzeitである。彼はその三年前に博士論文を出し、その後クレーナーに、Civec ac Milites（社会と軍隊）をテーマとしてコロキウム（シンポジウム）の開催を持ちかけたのが、大きなうねりをもたらす最初の契機であった。そのコロキウムが一九九五年に開かれ、その席上、研究組織の立ち上げが提起されて、クレーナーとプレーヴェに委託されたのである。さらにコロキウムの報告を中心として、新しい軍事史のさまざまなテーマを織り込んだ論文が、立て続けに論集の形で公刊された。一九九六年の『軍隊と社会』、一九九七年の『軍服を着たクリオ』、一九九八年の『傭兵、兵士の妻、国民軍兵士』がその先鞭となる。プレーヴェは前述の業績にも見られるように、これらすべてにかかわっている。このあたりが、新しい軍事史研究の揺籃期といってもよい。

その後「近世における軍隊と社会」の研究会やワークショップの開催と成果の公刊、この研究会の雑誌「近世における軍隊と社会（Militär und Gesellschaft in der Frühen Neuzeit）」と叢書「近世の支配と社会システム（Herrschaft und soziale Systeme in der Frühen Neuzeit）」の発行など、研究活動とその組織化、研究成果の公刊などはいたって順調であるが、プレーヴェがクレーナーのいわば参謀となって、この動きの中心的な役割を演じたのである。その間プレーヴェ自身の研究も活発であったが、注目を引くのが、彼の研究対象が近世から一九世紀に大きく拡大したことである。彼の一九九八年の教授資格論文がまさに、一八世紀末から一九世紀半ばまでの市民と軍隊を論じているのである。

プレーヴェが研究面で新しい軍事史を牽引してきたのは以上のとおりであるが、教育面でも今や中心人物となりつつある。ドイツの大学では、軍事史の講座は長い間存在しなかった。したがって英米仏などで戦後新しい軍事史が開拓された時期にあって、ドイツの大学では、それを受け止め、また後進の教育を行う余地がなかった。たしかにクーニッシュがケルン大学において、軍隊を国制史や思想史の枠内に位置づけて軍事史の視座を広め、多くの弟子を養成したことを忘れてはならない。しかしこれはまだ個別の取り組みにすぎなかった。ドイツの大学で最初の軍事史・暴力史の文化講座が設けられたのは、ようやく一九九七年のことである。それはポツダム大学哲学部歴史学科で、その講座の教授にクレーナーが就任した。大学における軍事史研究の永続的な研究と教育の拠点がつくられたのである。今後ポツダム大学が、ドイツ軍事史の教育・研究のセンターとなることは間違いない。すでに現在多くのスタッフと学生を擁して、大きな講座に発展した。そしてプレーヴェが、二〇〇五年にポツダム大学の軍事史／暴力の文化史講座の員外教授に就任したのである。プレーヴェの指導のもとで、若い歴史家が何人も修士論文や博士論文に取り掛かっていると聞く。また多彩な授業が、ポツダム大学のホームページから見て取れる。

研究・教育で不可欠なのは、史料の発掘と編纂である。この点でもプレーヴェは重要な役割を演じている。プレーヴェの史料の利用で注目されるのは、軍事文書館の史料だけではなく、文民文書館の史料の利用である。それはすでに彼の博士論文で、ゲッティンゲンの都市の宿営簿や教会簿を活用しているところからも見て取れる。「軍隊と社会」という観点からの考察においては、従来の軍事史研究ではあまり利用されてこなかった文民文書館の史料が重要なのであろう。新しい軍事関係の史料の発掘という点で注目されるのが、プレーヴェが二人の協力者を得て作った、一八世紀ブランデンブルク軍事史料の目録の作成である。周知のごとく、ポツダムにあったプロイセンの軍事文書館は、一九四五年の爆撃でほとんどが焼失した。それはプロイセンの軍事史研究にとって大きな痛手であるが、それを補うべく、戦火を免れた文民の文書館で軍事関係の史料を大規模に収集したのである。対象の時期は一七一三年から一八〇六年、対象地域はブランデンブルク、つまり時期も地域もまことに限られてはいるが、三八の文書館から三万余の史料を見つけ、それを六〇のテーマに分類した詳細は目録を作成した。この目録の利用価値は、今後の軍事史研究にとって無限といってもよい。あとはそれをどのように料理するかということであり、これから研究に取り組む若い歴史家の前提条件がそろったといえよう。この目録は近日中に五巻本で公刊の予定である。おそらく現時点で最高の軍事史関係の目録であり、今後の史料編纂のモデルとなろう。

以上、ドイツにおける新しい軍事史の研究と教育の両面で、プレーヴェは中心的な役割を演じてきたことが理解できよう。それゆえ本書は、たんにドイツ史、あるいは一九世紀史といった枠を超えて、現時点における新しい軍事史研究の水準を示すものである。本書の訳出を思い立った理由である。

翻ってみれば、わが国における研究状況も、ドイツときわめて類似している。第二次世界大戦後、軍事史は長い間顧みられなかった。たしかに防衛大学などを中心に研究がおこなわれ、雑誌『軍事史学』にその成果が発表されている。しかし歴史学界では、軍事史研究はほとんど問題にされなかった。若干の個別研究がないわけではないが、軍事史は長い間タブー視されてきたといってもよい。しかしごく最近になって、かなり大きな状況の変化がみられる。二〇〇八年度の日本西洋史学会では「近世軍事革命」が小シンポジウムのテーマとして、二〇〇九年度の日本西洋史学会では「暴力」が記念講演と小シンポジウムのテーマとして取り上げられた。また二〇〇九年度の史学会大会は、「軍事史研究の新潮流」を日本史部会、近・現代史シンポジウムのテーマに掲げた。さらに新しい軍事史を謳った論集として、二〇〇九年に『近代ヨーロッパの探求12　軍隊』（阪口修平、丸畠宏太編、ミネルヴァ書房）が出た。数年前まではほとんど想定できなかった事態である。それゆえ、ドイツにおける最近の研究状況を反映した本書は、たんにドイツ史のみならず、いろいろな分野でわが国における新しい軍事史研究のさらなる発展に一石を投ずるものと確信する。

訳について一言しておく。下訳は、鈴木が第Ⅰ部第一章～第二章と第Ⅱ部第一章～第二章を、丸畠が第Ⅰ部第三章と第Ⅱ部第三章〜第四章を担当した。その後三人で何回も会い、またメールで意見を交換して、全体にわたって丁寧に検討した。その間意味不明のところは、著者に問い合わせて確認した。訳出に当たっては、分かりやすさを第一義とし、文の分割や結合だけではなく、説明の文章をも相当付け加えた。しかし誤解や誤訳もあることと思う。大方のご叱正を賜れば幸いである。

巻末の索引と軍事用語等の原語・訳語対照一覧はすべて鈴木の手になるものである。

最後に本書の出版にあたり、企画の当初から創元社編集部の堂本さんに大変お世話になった。感謝を申し上げる次第である。

二〇〇九年二月

阪口修平

索　引

1　人名索引

あ行

アイヒベルク(Eichberg, Henning)　165
アプト(Abbt, Thomas)　13, 110
アルヒェンホルツ(Archenholz, Johann Wilhelm)　89
アンゲロウ(Angelow, Jürgen)　120
イルツィク(Irzik, Christoph)　172
インゲンラート(Ingenlath, Markus)　179
ヴァルター(Walter, Dirk)　124-126
ヴァルダーゼー(Waldersee, Alfred Graf von)　134
ヴァレ(Walle, Heinrich)　165
ヴィルヘルム二世(Wilhelm II)　5
ヴィレムス(Willems, Emilio)　178
ヴィンディシュグレーツ(Windischgrätz, Alfred Fürst zu)　44
ヴィーンヘーファー(Wienhöfer, Elmar)　119
ヴェークナー(Wegner, Bernd)　141, 147
ヴェッテ(Wette, Wolfram)　177, 178
ヴェーラー(Wehler, Hans Ulrich)　115
ヴェルカー(Welcker, Carl Theodor)　121, 147
ヴォルフルム(Wolfrum, Edgar)　113, 139, 186
ヴランゲル(Wrangel, Friedrich von)　79
ウルリヒ(Ulrich, Bernd)　138
エリアス(Elias, Norbert)　104
エンゲルス(Engels, Friedrich)　114
小田中直樹　189

か行

ガイヤー(Geyer, Michael)　144
カウフマン(Kaufmann, Stefan)　165
カール(Carl, Horst)　115, 159, 160
カント(Kant, Immanuel)　106
キッパー(Kipper, Rainer)　162
キューネ(Kühne, Thomas)　157
キューリヒ(Kühlich, Frank)　137
クヴィッデ(Quidde, Ludwig)　92, 177
グナイゼナウ(Gneisenau, August Neithardt von)　27, 29
クーニッシュ(Kunisch, Johannes)　118
クラウゼヴィッツ(Clausewitz, Carl von)　91, 168, 169, 184, 186
クルップ(Krupp, Alfred)　73, 77
クレーナー(Kroener, Bernhard R.)　109, 183
グレーナー(Groener, Wilhelm)　156
グレーフ(Gr_f, Holger T.)　107
クレーフェルト(Creveld, Martin van)　166
グロルマン(Grolman, Carl Wilhelm Georg)　18, 117
ケーア(Kehr, Eckart)　92
ケーニヒ(König, Anton Balthasar)　89
ケルクホーフ(Kerkhof, Stefanie van de)　142
コゼレック(Koselleck, Reinhart)　176
コルプ(Kolb, Eberhard)　133

さ行

ザイアー(Seier, Hellmut)　119
ザイフェルト(Seyferth, Alexander) 129
サン＝ピエール師(Abbé von St. Pierre (Castel, Charles Iréne de))　106
ジコラ(Sikora, Michael)　109
シャルンホルスト(Scharnhorst, Gerhard Johann David von)　18-20, 99

シュタイン(Stein, Heinrich Friedrich Karl Reichsfreiherr von)　17
シュタインバハ(Steinbach, Matthias)　129
シュナーベル(Schnabel, Franz)　113
シュパイトカムプ(Speitkamp, Winfried)　161
シュピーゲル(Spiegel, Gabrielle M.)　189
シュミート(Schmid, Michael)　132, 133
シュミット(Schmidt, Wolfgang)　172
シュリーフェン(Schlieffen, Alfred Graf von)　134
シュルツェ(Schulze, Winfried)　3
ショーウォルター(Showalter, Dennis E.)　132
末川清　189
ズクストルフ(Sukstorf, Lothar)　129

た行

ダン(Dann, Otto)　113
ダーン(Dahn, Felix)　162
ツィーマン(Ziemann, Benjamin)　103, 138, 176, 178, 190
ツドロヴォミスラヴ(Zdrowomyslaw, Norbert)　144
ティッパハ(Tippach, Thomas)　171, 173
デメター(Demeter, Karl)　93, 147
デッケン(Decken, Johann Friedrich von der)　89
デュルファー(Dülffer, Jost)　169
デルブリュック(Delbrück, Hans)　91-93
ドライゼ(Dreyse, Johann Nikolaus)　75
トライチュケ(Treitschke, Heinrich von)　114
トロックス(Trox, Eckhard)　121

な行

ナポレオン(Napoleon)　4, 16, 17, 20, 21, 22, 30, 31, 111, 115, 142, 157, 162, 185, 186
ニッパーダイ(Nipperdey, Thomas)　4, 137

は行

ハーゲマン(Hagemann, Karen)　114, 115, 151, 154, 157
ビスマルク(Bismarck, Otto von)　5, 48, 50, 51, 54, 55, 57, 83, 98, 125, 131-133
ファルケンハイン(Falkenhayn, Erich von)　148
フィッシャー(Fischer, Fritz)　168
フェルスター(F_rster, Stig)　111, 182, 183
フェーレンバハ(Fehrenbach, Elisabeth)　194
フォーゲル(Vogel, Jakob)　138, 156, 178
フォンターネ(Fontane, Theodor)　162
フーコー(Foucault, Michel)　104
ブッシュマン(Buschmann, Nikloaus)　129, 159, 163
フーバー(Huber, Ernst Rudolf)　119
ブーフオルツ(Bucholz, Arden)　128
プフランツェ(Pflanze, Otto)　132
フライターク(Freytag, Gustav)　162
ブラウン(Braun, Rainer)　172
フリードリヒ・ヴィルヘルム三世(Friedlich Wilhelm Ⅲ)　17, 21
フリードリヒ二世(大王)(Friedrich II (der Große))　14, 17, 21, 68, 79, 82, 90, 98
ブルデュー(Bourdieu, Pierre)　104
プレーヴェ(Pröve, Ralf)　121, 190
ブレッシンク(Blessing, Werner K.)　135, 136
フレーフェルト(Frevert, Ute)　139
ブレンドリ(Brändli, Sabina)　155
フロム(Fromm, Friedrich)　148
フンク(Funck, Marcus)　145, 146
ベッカー(Becker, Frank)　129, 182
ペルツァー(Pelzer, Erich)　152
ベルディンク(Berding, Helmut)　114
ヘルマート(Helmert, Heinz)　119
ボイエン(Boyen, Ludwig Leopold Hermann Gottlieb von)　11, 59, 117
ホーラート(Hohrath, Daniel)　107, 108

ボントルップ(Bontrup, Heinz-Josef)　144

ま行

マイネッケ(Meinecke, Friedrich)　113
マッケンゼン(Mackensen, August von)　148
ミュラー(Müller, Sabrina)　120
ムル(Murr, Karl Borromäus)　162
メッサーシュミット(Messerschmidt, Manfred)　131, 168
メーリンク(Mehring, Franz)　114
メルゲル(Mergel, Thomas)　168, 169
モルトケ(大)(Moltke, Helmuth von (der Ältere))　60, 128, 134
モルトケ(小)(Moltke, Helmuth von (der Jüngere))　148

や行

ヤール(Jahr, Christoph)　178

ら行

ラーク(Rak, Christian)　130
ランケ(Ranke, Leopold von)　122
ランゲヴィーシェ(Langewiesche, Dieter)　163
ランケス(Lankes, Christian)　171, 175
リッター(Ritter, Gerhard)　114, 168, 169, 177
リップ(Lipp, Anne…　164, 190
リンク(Rink, Martin)　110
ルソー(Rousseau, Jean-Jaques)　13
ルター(Luther, Martin)　124
ルーマン(Luhmann, Niklas)　104
レングヴィラー(Lengwiler, Martin)　156
ロテック(Rotteck, Karl von)　33, 113, 121
ローン(Roon, Albrecht von)　53, 55, 59, 79, 124, 125, 188

2　地名索引

あ行

アムベルク(Amberg)　77
アウエルシュテット(Auerstedt)　17, 116
アメリカ(Amerika, USA)　5, 15, 61, 74, 127, 142, 186, 187
イエナ(Jena)　17, 116
イギリス(England, Großbritannien)　15, 51, 178
イタリア(Italien)　48
インゴルシュタット(Ingolstadt)　77
ヴァルミー(Valmy)　16
ヴィーン(Wien)　25, 44, 49, 111, 186
ヴェルサイユ(Versailles)　128
ヴュルテンベルク(Württemberg)　56, 61, 120, 179
エアフルト(Erfurt)　47, 77
エルザス＝ロートリンゲン(Elsass-Lothringen)　50, 61, 128
エーレンブライトシュタイン(Ehrenbreitstein)　171
オーストリア(Österreich)　26, 27, 47-50, 54, 74, 119, 126
オルミュッツ(Olmütz)　47

か行

ギーセン(Gießen)　161
クールヘッセン(Kurhessen)　37, 41, 49, 120, 122
ケーニヒグレーツ(Königgrätz)　126

コブレンツ(Koblenz)　170, 171

さ行

ザクセン(Sachsen)　41, 56, 61
ジークブルク(Sigburg)　77
シュトゥットガルト(Stuttgart)　150
シュトラスブルク(Straßburg)　77
シュパンダウ(Spandau)　77
シュレスヴィヒ(Schleswig)　49
スペイン(Spanien)　185
セダン(Sedan)　84

た行

タウロッゲン(Tauroggen)　20
ダンツィヒ(Danzig)　77
ティルジット(Tilsit)　17
テュービンゲン(Tübingen)　159
デュッペル(Düppel)　49
デンマーク(Dänemark)　41, 48, 49, 54
ドレスデン(Dresden)　77, 150

な行

ナッサウ(Nassau)　49, 120
ニュルンベルク(Nürnberg)　170

は行

バイエルン(Bayern)　56, 61, 120, 162, 179
バウツェン(Bautzen)　77
バーデン(Baden)　56, 61, 120, 162, 179
ハノーファー(Hannover)　49, 120
パリ(Paris)　18, 44, 50
フライブルク(Freiburg im Breisgau)　94
フランクフルト・アム・マイン(Frankurt am Main)　26, 49
フランス(Frankreich)　5, 10, 15, 16, 20, 50-52, 54, 75, 79, 84, 109, 111, 112, 127, 128, 139, 152, 157, 162, 178, 185-187
プロイセン(Preußen)　5, 16, 17,18, 20, 22, 26-28, 30, 46-63, 68-70, 74, 79-83, 89, 90, 98,-101, 109, 11, 115-120, 124-126, 150, 178, 179
ベルギー(Belgien)　160
ベルリン(Berlin)　42, 47, 79, 89, 174
ホルシュタイン(Holstein)　49
ポツダム(Potsdam)　94, 103

ま行

ミュンヒェン(München)　56, 77, 150, 170, 174, 175
メクレンブルク＝シュトレーリッツ(Mecklenburg-Strelitz)　26
メッツ(Metz)　129, 163

や行

ヨーロッパ(Europa)　5, 7, 15, 26, 27, 31, 48-51, 65, 85, 101, 102, 111, 171

ら行

ライプツィヒ(Leipzig)　163
リップシュタット(Lippstadt)　77
リヒテンシュタイン(Lichtenstein)　26
レーゲンスブルク(Regensburg)　170, 172
ロシア(Rußland)　4, 20, 51

わ行

ワーテルロー(Waterloo)　163

3　事項索引

あ行

一年志願兵(Einjährig-Freiwilliger)　28, 80, 81
一般兵役義務(Allgemeine Wehrpflicht)　9, 19, 20, 24, 28, 32, 36, 65, 139, 154, 186, 189
一般ラント法→プロイセン
イデオロギー(化)(Ideologie, Ideologisierung 9, 112, 121, 145, 179, 185
横隊戦術(Lineartaktik)　15, 18
王朝間戦争(Kabinettskrieg)　49
アメリカ独立戦争(Amerikanischer Unabhängigkeitskrieg)　15

か行

海軍(Marine)　74, 92
解放戦争(Befreiungskrieg, Freiheitskrieg)　21, 78, 79, 111-116, 153, 157, 162, 163
下士官(Unteroffizier)　41, 67-70, 82, 132, 149
カントン制度(Kantonsystem)　17
議会(帝国議会)→ドイツ帝国
(プロイセン国民議会)→プロイセン
(連邦議会)→ドイツ連邦
北ドイツ連邦(Norddeutscher Bund)　49, 50, 55-58, 61
——軍総司令官(Bundesfeldherr)　49, 55, 56
急進派(Radikale)　34, 41, 114
クリミア戦争(Krimkrieg)　5, 48, 74, 186
軍国主義(Militarismus)　92, 138, 146, 175-183
軍産複合体(Militärisch-industrieller Komplex) 8, 77, 179
軍事化(Militarisierung)　33, 36, 45, 64, 66, 79, 83, 85, 101, 131, 134, 137, 145, 168, 169, 171, 176-179
軍事学(Kriegswissenschaft)　108
軍事協定(Militärkonvention)　47, 48, 55, 56
軍事内局(Militärkabinett)　60, 131, 133, 183
軍制改革(軍隊改革)(Militärreform)　12, 22, 111(プロイセンの軍制改革→プロイセン)
軍隊再編委員会(Militärreorganisationskommission)　17
軍備政策(Rüstungspolitik)　131, 143
啓蒙(Aufklärung)　10-13, 19, 39, 106-112
権利章典(アメリカ)(Bill of Rights)　15, 187
憲法(Verfassung)　12, 15, 16, 21, 22, 24, 31, 33, 35-37, 42, 49, 52-54, 56, 58, 59, 65, 70, 78, 79, 84, 113, 120-125, 131, 187
憲法宣誓(Verfassungseid)　121, 122
憲法紛争(Verfassungskonflikt)　52, 79, 124, 125
後期啓蒙(Spätaufklärung)→啓蒙
工業化(Industrialisierung)　5, 27, 28, 47, 72, 85, 127, 136
公民(Staatsbärger)　16, 21, 29, 32, 49, 50, 72, 73, 125, 163
国土防衛軍(Landwehr)　21-24, 36, 53, 79, 188
国土民兵隊(Landsturm)　21-24, 36, 189
国家人民軍(Nationale Volksarmee)　95, 97, 99, 117
国防法→プロイセン

さ行

再役兵(Kapitulant)　29, 67, 68
在郷軍人会(Kriegerverein)　83, 131, 137, 138
宰相(帝国宰相)→ドイツ帝国
参謀本部(Generalstab)　59, 60, 75, 89, 91, 92, 126, 132, 133, 147, 149, 179
七年制予算(Septennat)　66
七年戦争(Siebenjähriger Krieg)　5, 13, 14, 110, 185
市民衛兵(Bürgergarde)　35, 36, 41, 122
市民軍(Bürgermilitär)　36, 38, 122
市民防衛隊(Bürgerwehr)　36-42, 44, 121, 122, 155
社会民主主義(者)(Sozialdemokratie)　85, 175, 177
自由主義(者)(Liberalismus, Liberale)　5, 10-12, 19, 20, 24, 29, 31, 34-46, 53, 54, 83, 112, 113, 121, 125, 145, 155, 175
縦隊戦術(Kolonnentaktik)　18

宿営(Quartier, Einquartierung)　9, 152, 173
将校団(Offizierkorps)　52, 53, 59, 68-70, 76, 83, 107, 122, 126, 145-149, 169, 173, 183, 188
昇進(Beförderung)　3, 14, 67, 72, 134, 147
常備軍(Stehendes Heer)　15, 17, 22, 24, 32-36, 41, 46, 65, 178, 186, 188
初期自由主義(Frühliberalismus)→自由主義(者)
人民武装(Volksbewaffnung)　13, 17, 23, 24, 30-37, 41-45, 117, 187
正規軍(Linie, (Reguläres) Militär)　16, 36, 37, 40, 42, 43, 51, 53, 122
政府(帝国政府)→ドイツ帝国
選挙(権)(Wahl, Wahlrecht)　12, 41, 42, 53, 54, 155
戦史(Kriegsgeschichte)　82-94, 141
総力戦(Totaler Krieg)　5, 184-186
狙撃兵戦術(Tirailleurtaktik)　15, 18
祖国愛(Patriotismus)　13, 20, 21, 109, 110, 114, 115, 154, 179

た行

第一次世界大戦(Erster Weltkrieg)　46, 56, 64, 69, 77, 84, 89, 92, 95, 100, 118, 130, 132, 143, 150, 168, 169, 177, 182, 186
第二次世界大戦(Zweiter Weltkrieg)　93, 95, 114, 148, 150, 168
代理人制度(Stellvertretung)　19, 27, 28
小さな戦争(Kleiner Krieg)　14, 110
地方警察(Gendarmerie)　122, 176
徴集制度(Konskription, Konskriptionssystem　23, 27, 33, 188
ツンフト(Zunft)　8, 11
帝国議会　→ドイツ帝国
帝国創建　→ドイツ帝国
デンマーク戦争(Deutsch-Dänischer Krieg)　48, 49
ドイツ帝国(Deutsches Reich)
——議会(Reichstag, Parlament)　57
——軍(帝国陸軍)(Reichsheer)　56, 61
——宰相(Reichskanzler)　54, 131, 132
——政府(Reichsregierung)　16, 77, 84, 85, 133, 179
——創建(Reichsgründung)　4, 50, 51, 79, 84, 124, 128, 131, 139
ドイツ＝フランス戦争(Deutsch-Französischer Krieg)　5, 50, 74, 127, 128, 162, 186
ドイツ連邦(Deutscher Bund)　25, 26, 31, 47-49, 56, 102, 117-120, 189
——監察官(Bundeskommissar)　25
——議会(Bundestag)　25, 26
——軍(制)(Bundesheer, Bundeskriegsver fassung)　25, 26, 47-49, 55, 65, 96, 102, 117, 119, 189
——戦争(Bundeskrieg)　25
——の介入(Bundesintervention)　25
——要塞(Bundesfestung)　26
ドイツ連邦軍(第二次大戦後のドイツ連邦共和国の軍隊)(Bundeswehr)　95, 102, 117
統一戦争(ドイツ統一戦争)(Einigungskriege)　51, 52, 84, 124, 126, 130, 131, 139, 142, 162, 163
特有の道(Sonderweg)　101, 131, 145, 176

な行

ナショナリズム(Nationalismus)　8, 85, 130, 139, 162, 179, 190
ナチス(Nationalsozialismus, Drittes Reich)　80, 93, 96, 100, 177
ナポレオン戦争(Napoleonische Kriege, Krieg gegen Napoleon)　20-23, 111, 142, 185, 186
南北戦争(Amerikanischer Bürgerkrieg)　5, 74, 127, 186
二元対立(プロイセンとオーストリアの)(Dualismus)　48, 119

は行

フランス革命(Französische Revolution)　16, 20, 111, 112, 152, 185-187
プロイセン＝オーストリア戦争(Preußisch-Österreichischer Krieg)　49, 50, 74
プロイセン(Preußen)
——一般ラント法(Allgemeines Landrecht für die Preußischen Staaten)　63
——軍(Preußische Armee (Militär, Truppe))　18, 50, 55, 61, 68, 99, 111, 125, 126, 150
——軍制改革(Preußische Heeresreform (Militärreform))　7, 17-19, 23, 34, 52, 53, 64, 68, 71, 78, 80, 98, 108, 110, 112, 116-118, 120, 123, 124, 153
——国王(Preußischer König)　49, 52, 55, 56, 58, 59, 98
——国防法(Preußisches Wehrgesetz)　22,23,63
——国民議会(Preußische Nationalversammlung)　46, 79
保守派(Konservative)　19, 24, 31, 35-40, 53

ま行

マルクス(＝レーニン)主義(Marxismus (-Leninismus))　98, 114, 117
民主主義(者)(Demokratie, Demokrat)　3, 16, 42, 45-48, 79, 85, 121, 125, 146, 174, 177
名誉(Ehre)　6, 9, 13, 18, 33, 35, 64, 65, 70-72, 109, 173

や行

予備役(兵)(Reserve, Reservist)　22, 29, 68, 80, 83, 137
——将校(Reserveoffizier)　29, 68, 80, 83, 137
予備役兵団体(Reservistenverband)　83, 137

ら行

陸軍省(Kriegsministerium)　18, 55, 56, 59, 60, 61, 133, 173, 183
陸軍大臣(Kriegsminister)　52, 59, 131, 133

軍事用語等の原語・訳語対照一覧（原語アルファベット順）

本書で扱うテーマ（19世紀ドイツ軍事史）については、訳語が定まっていない専門用語もまだ数多い。したがって以下では、これらの術語のうち、本書で用いられている主要なものとその訳語の一覧を、原語アルファベット順で掲載することにした。なお複数の訳語のうちで＊印がついているものは、以下の索引で見出し語になっている訳語である。

Befreiungskrieg：解放戦争（外国支配脱却のための戦争）
Bundesfeldherr：〔北ドイツ連邦〕連邦軍総司令官
Bundesfestung：〔ドイツ連邦〕連邦要塞
Bundesintervention：〔ドイツ連邦〕連邦の介入
Bundeskrieg：〔ドイツ連邦〕連邦戦争
Bürgergarde：市民衛兵
Bürgermilitär：市民軍
Bürgerwehr：市民防衛隊
Freiheitskrieg：解放戦争（自由独立のための戦争）
Gendarmerie：地方警察
Immediatstellung：帷幄上奏権
Kabinettskrieg：王朝間戦争*、王室間の戦争
Kapitulant：再役兵
Kolonnentaktik：縦隊戦術
Konskription, Konskriptionssystem：徴集制度［→訳注５］
Kriegsgeschichte：戦史
Kriegskunde：兵学
Kriegsministerium：陸軍省
Kriegswissenschaft：軍事学
Landsturm：国土民兵隊［→訳注４］
Landwehr：国土防衛軍（1813-ca.1860）、後備役（ca.1860-）［→訳注４］
Linie：正規軍
Lineartaktik：横隊戦術
Militärkabinett：軍事内局
Militärgeschichte：軍事史
Militärreorganisationskommission：軍隊再編委員会
Staatsbürger：公民［→訳注１］
Stellvertretung：代理人制度*、兵役代理人制度、兵役代行
Tirailleurtaktik：狙撃兵戦術
Tross：近世的輜重隊
Volksbewaffnung：人民武装［→訳注２］
Wehrgeschichte：国防史

史料と文献

A　刊行史料

1. T. ABBT, Vom Tode für das Vaterland, 2. Aufl. Berlin 1780.
2. J. BECKER (Hrsg.), Bismarcks spanische „Diversion" 1870 und der preußisch-deutsche Reichseinigungskrieg. Bisher 2 Bde., Paderborn 2002-2003.
3. V. R. BERGHAHN/W. DEIST (Hrsg.), Rüstung im Zeichen der wilhelminischen Weltpolitik. Grundlegende Dokumente 1890-1914, Düsseldorf 1988.
4. H. v. BOYEN, Denkwürdigkeiten und Erinnerungen 1771-1813. 2 Bde., Stuttgart 1899.
5. C. v. CLAUSEWITZ, Vom Kriege, Berlin 1832/34.（カール・フォン・クラウゼウィッツ『戦争論』全２巻、清水多吉訳、中公文庫BIBLIO、2001年）
6. E. v. CONRADY, Leben und Wirken des Generals der Infanterie und kommandirenden Generals des V. Armeekorps Carl von Grolman. 3 Bde., Berlin 1894-1896.
7. F. A. DECKER, Die Volksbewaffnung in Württemberg. Eines der großartigsten Ereignisse in unserem Jahrhundert, Stuttgart 1848.
8. F. W. ELLRODT, Über Zweck und Einrichtung des Bürgermilitärs der Freien Stadt Frankfurt, Frankfurt/Main 1823.
9. Ewiger Friede? Dokumente einer deutschen Diskussion um 1800, hrsg. von A. u. W. DIETZE, Leipzig 1989.
10. K.-G. FABER, Die nationalpolitische Publizistik Deutschlands von 1866 bis 1871. Eine kritische Bibliographie. 2 Bde., Düsseldorf 1963.
11. J. G. FICHTE, Über den Begriff des wahrhaften Krieges in Bezug auf den Krieg im Jahre 1813. Tübingen 1815.
12. E. R. HUBER (Hrsg.), Dokumente zur deutschen Verfassungsgeschichte. Bd. 1: Deutsche Verfassungsdokumente 1803-1850, 3. Aufl. Stuttgart 1978. Bd. 2: Deutsche Verfassungsdokumente 1851-1918, 3. Aufl. Stuttgart 1979.

13. G. HUMMEL-HAASIS (Hrsg.), Schwestern zerreißt eure Ketten. Zeugnisse zur Geschichte der Frauen in der Revolution von 1848/49, München 1982.
14. M. JÄHNS, Geschichte der Kriegswissenschaften vornehmlich in Deutschland. 3 Bde., München 1889-1891.
15. T. KLEIN (Hrsg.), Die Befreiung 1813, 1814, 1815. Urkunden, Berichte, Briefe, Ebenhausen 1913.
16. T. KLEIN (Hrsg.), 1848. Der Vorkampf deutscher Einheit und Freiheit. Erinnerungen, Urkunden, Berichte, Briefe, Ebenhausen 1914.
17. E. KLESSMANN (Hrsg.), Die Befreiungskriege in Augenzeugenberichten, Düsseldorf 1973.
18. Krupp und die Hohenzollern in Dokumenten. Krupp-Korrespondenz mit Kaisern. Kabinettschefs und Ministern 1850-1918, Hrsg. und eingeleitet von W. A. BOELCKE, Frankfurt/Main 1970.
19. J. KUNISCH/M. SIKORA/T. STIEVE (Hrsg.), Gerhard von Scharnhorst. Private und dienstliche Schriften. Bd. 1: Schüler, Lehrer, Kriegsteilnehmer (Kurhannover bis 1795). Bd. 2: Stabschef und Reformer (Kurhannover 1795-1801). Bd. 3: Lehrer, Artillerist, Wegbereiter (Preußen 1801-1804), Köln 2001-2005.
20. F. W. LEHMANN, Grundzüge zur Bildung einer deutschen Bürgerwehr und eines deutschen Heerwesens mit Rücksicht auf die preußische Heerverfassung, Bonn 1848.
21. J. LEPSIUS/A. MENDELSSOHN-BARTHOLDY/F. THIMME (Hrsg.), Die Große Politik der europäischen Kabinette 1871-1914. Sammlung der Diplomatischen Akten des Auswärtigen Amtes. Bd. 1-40, Reihe 1-5, Berlin 1922-1927.
22. L. A. F. v. LIEBENSTEIN, Über stehende Heere und Landwehr mit besonderer Rücksicht auf die deutschen Staaten, Karlsruhe 1817.
23. P. RASSOW (Hrsg.), Geheimes Kriegstagebuch 1870-1871 von Paul Bronsart von Schellendorff, Bonn 1954.
24. C. v. ROTTECK, Über stehende Heere und Nationalmiliz, Freiburg/

Brsg. 1816.
25. W. RÜSTOW, Der deutsche Militärstaat vor und während der Revolution, Zürich 1851.
26. I. SCHIKORSKY (Hrsg.), „Wenn doch dies Elend ein Ende hätte". Ein Briefwechsel aus dem deutsch-französischen Krieg, Köln 1999.
27. F. SCHULZE (Hrsg.), 1813-1815. Die deutschen Befreiungskriege in zeitgenössischer Schilderung, Leipzig 1912.
28. B. ULRICH/J. VOGEL/B. ZIEMANN (Hrsg.), Untertan in Uniform. Militär und Militarismus im Kaiserreich 1871-1914. Quellen und Dokumente, Frankfurt/Main 2001.
29. R. VAUPEL (Hrsg.), Die Reorganisation des preußischen Staates unter Stein und Hardenberg. Bd. 2: Das Preußische Heer vom Tilsiter Frieden bis zur Befreiung 1807-1814, Berlin 1938.
30. L. VOIGTLÄNDHR (Hrsg.), Das Tagebuch des Johann Heinrich Lang aus Lübeck und die Feldzüge der Hanseaten in den Jahren 1813-1815, Lübeck 1980.
31. J. v. XYLANDER, Untersuchungen über das Heerwesen unserer Zeit, München 1831.
32. C. T. WELCKER, Begründung der Motion des Abgeordneten Welcker auf eine konstitutionelle weniger kostspielige und mehr sichernde Wehrverfassung, Karlsruhe 1831.

B　文献

1　入門書・概説書・文献目録

33. G. A. CRAIG, Die preußisch-deutsche Armee 1640-1945. Staat im Staate, Königstein/Taunus 1980.
34. H. DELBRÜCK, Geschichte der Kriegskunst im Rahmen der politischen Geschichte. Bd. 4: Neuzeit, Berlin 1920.（ハンス・デルブリュック「政治史的枠組みの中における戦争術の歴史」小堤盾抄訳、同編著『戦略論大系12　デルブリュック』芙蓉書房、2008年）
35. E. FEHRENBACH, Vom Ancien Regime zum Wiener Kongreß, 4., überarb. Aufl. München 2001.
36. S. FIEDLER, Heerwesen der Neuzeit. Bd. 3: Taktik und Strategie der Revolutionskriege 1792-1848. Bd. 4: Taktik und Strategie der Einigungskriege 1848-1871. Bd. 5: Taktik und Strategie der Millionenheere 1871-1914, Augsburg 2002.
37. E. v. FRAUENHOLZ (Hrsg.), Entwicklungsgeschichte des Deutschen Heerwesens. Bd. 5: Das Heerwesen des XIX. Jahrhunderts, München 1941.
38. L. GALL, Europa auf dem Weg in die Moderne 1850-1890, 4. Aufl. München 2004.
39. C. JANY, Geschichte der Preußischen Armee vom 15. Jahrhundert bis 1914. Bd. 4: Die Preußische Armee und das Deutsche Reichsheer 1807 bis 1914, ND Osnabrück 1967.
40. D. LANGEWIESCHE, Europa zwischen Restauration und Revolution 1815-1849, 4. Aufl. München 2004.
41. E. GRAF v. MATUSCHKA/W. PETTER, Organisationsgeschichte der Streitkräfte, in: 44, Bd. 2, Abschnitt IV/4, 302-442.
42. M. MESSERSCHMIDT, Die politische Geschichte der preußisch-deutscheu Armee, in: 44, Bd. 2, Abschnitt IV/1, 1-380.

43. M. MESSERSCHMIDT, Die preußische Armee. Strukturen und Organisation, in: 44, Bd. 2, Abschnitt IV/2, 1-225.
44. MILITÄRGESCHICHTLICHES FORSCHUNGSAMT (Hrsg.), Deutsche Militärgeschichte in sechs Bänden 1648-1939, Herrsching 1983.
45. MILITÄRGESCHICHTLICHES INSTITUT DER DDR (Hrsg.), Wörterbuch zur deutschen Militärgeschichte. 2 Bde., Berlin 1985.
46. E. MOHR, Die Heeres- und Truppengeschichte des Deutschen Reiches und seiner Länder (1806-1918). Eine Bibliographie, Osnabrück 1989.
47. K.-V. NEUGEBAUER, Grundzüge der deutschen Militärgeschichte. Bd. 1: Historischer Überblick. Bd. 2: Arbeits- und Quellenbuch, Freiburg/Brsg. 1993.
48. T. NIPPERDEY, Deutsche Geschichte 1800-1866. Bürgerwelt und starker Staat, München 1991.
49. T. NIPPERDEY, Deutsche Geschichte 1866-1918. Bd. 1: Arbeitswelt und Bürgergeist. Bd. 2: Machtstaat vor der Demokratie, München 1995.
50. J. NOWOSADTKO, Krieg, Gewalt und Ordnung. Einführung in die Militärgeschichte, Tübingen 2002.
51. G. ORTENBURG, Heerwesen der Neuzeit. Bd. 3: Waffen der Revolutionskriege 1792-1848. Bd. 4: Waffen der Einigungskriege 1848-1871. Bd. 5: Waffen der Millionenheere 1871-1914, Augsburg 2002.
52. W. PETTER, Deutscher Bund und deutsche Mittelstaaten. Strukturen und Organisation, in: 44, Bd. 2, Abschnitt IV/3, 226-301.
53. B. v. POTEN, Geschichte des Militär-Erziehungs- und Bildungswesens in den Ländern deutscher Zunge. 5 Bde., Berlin 1889-1897.
54. G. RITTER, Staatskunst und Kriegshandwerk. Das Problem des Militarismus in Deutschland. Bd. 1: Die altpreußische Tradition (1740-1890), München 1954.
55. H.-U. WEHLER, Deutsche Gesellschaftsgeschichte. Bd. 1: Vom Feudalismus des Alten Reiches bis zur Defensiven Modernisierung der Reformära 1700-1815. Bd. 2: Von der Reformära bis zur industriellen und politischen

„Deutschen Doppelrevolution“ 1815-1845/49. Bd. 3: Von der „Deutschen Doppelrevolution“ bis zum Beginn des Ersten Weltkrieges, München 1987, 1995.

56. R. WOHLFEIL, Vom Stehenden Heer des Absolutismus zur Allgemeinen Wehrpflicht (1789-1814), in: 44, Bd. l, Abschnitt II, 1-212.

57. E. WOLFRUM, Krieg und Frieden in der Neuzeit. Vom Westfälischen Frieden bis zum Zweiten Weltkrieg, Darmstadt 2003.

58. J. ZIMMERMANN, Militärverwaltung und Heeresaufbringung in Österreich bis 1806, in: 44, Bd. 1, Abschnitt III, 1-168.

2　軍事史の歴史と理論

59. J. ANGELOW, Zur Rezeption der Erbediskussion durch die Militärge schichtsschreibung der DDR, in: MGM 52 (1993) 345-357.

60. J. ANGELOW, Forschung in ungelüfteten Räumen. Anmerkungen zur Militärgeschichtsschreibung der ehemaligen DDR, in: 77, 73-89.

61. W. BAUMGART, Militär und Politik. Einführende Bemerkungen, in: M. Epkenhans/G. Groß (Hrsg.), Das Militär und der Aufbruch in die Moderne 1860 bis 1890. Armeen, Marinen und der Wandel von Politik, Gesellschaft und Wirtschaft in Europa, den USA sowie Japan, München 2003, 3-9.

62. P. BROUCEK/K. PEBALL, Geschichte der österreichischen Militär historiographie, Köln 2000.

63. R. BRÜHL, Zum Neubeginn der Militärgeschichtsschreibung in der DDR. Gegenstand, theoretische Grundlagen, Aufgabenstellung, in: MGM 52 (1993) 303-322.

64. A. BUCHOLZ, Hans Delbrück and the German Military Establishment. War Images in Conflict, Iowa City 1985.

65. N. BUSCHMANN/H. CARL, Zugänge zur Erfahrungsgeschichte des Krieges. Forschung, Theorie, Fragestellung, in: 271, 11-26.

66. W. DEIST, Hans Delbrück. Militärhistoriker und Publizist, in: MGM 57

(1998) 371-383.
67. W. DEIST, Bemerkungen zur Entwicklung der Militärgeschichte in Deutschland, in: 77, 315-322.
68. J. DÜLFFER, Militärgeschichte und politische Geschichte, in: 77, 127-139.
69. M. FUNCK, Militär, Krieg und Gesellschaft. Soldaten und militärische Eliten in der Sozialgeschichte, in: 77, 157-174.
70. C. HÄMMERLE, Von den Geschlechtern der Kriege und des Militärs. Forschungseinblicke und Bemerkungen zu einer neuen Debatte, in: 77, 229-262.
71. K. HAGEMANN, Venus und Mars. Reflexionen zu einer Geschlechter geschichte von Militär und Krieg, in: 294, 13-48.
72. D. HOHRATH, Spätbarocke Kriegspraxis und aufgeklärte Kriegswissen schaften. Neue Forschungen und Perspektiven zu Krieg und Militär im „Zeitalter der Aufklärung", in: Aufklärung 12 (2000) 5-47.
73. S. KAUFMANN, Technisiertes Militär. Methodische Überlegungen zu einem symbiotischen Verhältnis, in: 77, 195-209.
74. S. v. D. KERKHOF, Rüstungsindustrie und Kriegswirtschaft". Vom Nutzen und Nachteil wirtschaftshistorischer Methoden für die Militärgeschichte, in: 77, 175-194.
75. B. R. KROENER, Vom „extraordinari Kriegsvolck zum „miles perpetuus". Zur Rolle der bewaffneten Macht in der europäischen Gesellschaft der Frühen Neuzeit. Ein Forschungs- und Literaturbericht, in: MGM 43 (1988) 141-188.
76. G. KRUMEICH, Sine ira et Studio? Ansichten einer wissenschaftlichen Militärgeschichte, in: 77, 91-102.
77. T. KÜHNE/B. ZIEMANN (Hrsg.), Was ist Militärgeschichte? Paderborn 2000.
78. T. KÜHNE/B. ZIEMANN, Militärgeschichte in der Erweiterung. Konjunkturen, Interpretationen. Konzepte, in: 77, 9-46.
79. S. LANGE, Hans Delbrück und der ‚Strategiestreit'. Kriegführung

und Kriegsgeschichte in der Kontroverse 1879-1914. Freiburg/Brsg. 1995.

80. D. LANGEWIESCHE, Kampf um Marktmacht und Gebetsmühlen der Theorie. Einige Bemerkungen zu den Debatten um eine neue Militärgeschichte, in: 77. 323-327.

81. A. LIPP, Diskurs und Praxis. Militärgeschichte als Kulturgeschichte, in: 77, 211-227.

82. K. A. MAIER, Überlegungen zur Zielsetzung und Methode der Militä rgeschichtsschreibung im Militärgeschichtlichen Forschungsamt und die Forderung nach deren Nutzen für die Bundeswehr seit Mitte der 70er Jahre, in: MGM 52 (1993) 359-370.

83. T. MERGEL, Politikbegriffe in der Militärgeschichte. Einige Beobachtungen und ein Vorschlag, in: 77, 141-156.

84. E. OPITZ, Der Weg der Militärgeschichte von einer Generalstabswissen schaft zur Subdisziplin der Geschichtswissenschaft, in: H.-J. Braun/ R. H. Kluwe (Hrsg.). Entwicklung und Selbstverständnis von Wissenschaften, Frankfurt/Main 1985, 57-78.

85. M. RASCHKE, Der politisierende Generalstab. Die friderizianischen Kriege in der amtlichen deutschen Militärgeschichtsschreibung 1890-1914, Freiburg/Brsg. 1993.

86. D. E. SHOWALTER, Militärgeschichte als Operationsgeschichte: deutsche und amerikanische Paradigmen, in: 77, 115-126.

87. H. STÜBIG, Die preußische Heeresreform in der Geschichtsschreibung der Bundesrepublik Deutschland, in: MGM 48 (1990) 27-40.

88. H. WALLE, Die Bedeutung der Technikgeschichte innerhalb der Militärgeschichte in Deutschland. Methodologische Betrachtungen, in: R. G. Foerster/H. Walle (Hrsg.), Militär und Technik. Wechselbeziehungen zu Staat, Gesellschaft und Industrie im 19. und 20. Jahrhundert, Herford 1992, 23-72.

89. B. WEGNER, Wozu Operationsgeschichte?, in: 77, 105-113.

90. W. WETTE (Hrsg.), Der Krieg des kleinen Mannes. Eine Militärgeschichte

von unten. München 1992.
91. W. WETTE, Militärgeschichte von unten, in: 90, 9-47.
92. W. WETTE, Militärgeschichte zwischen Wissenschaft und Politik, in: 77, 49-71.
93. R. WOHLFEIL, Wehr-, Kriegs- oder Militärgeschichte?, in: MGM 1 (1967) 21-29.
94. R. WOHLFEIL, Militärgeschichte. Zu Geschichte und Problemen einer Disziplin der Geschichtswissenschaft (1952-1967), in: MGM 52 (1993) 323-344.

3 時代と戦争

3.1 啓蒙・革命・改革

95. F. AKALTIN, Die Befreiungskriege im Geschichtsbild der Deutschen im 19. Jahrhundert, Frankfurt/Main 1997.
96. O. BASLER, Wehrwissenschaftliches Schrifttum im 18. Jahrhundert, Berlin 1933.
97. H. BERDING, Das geschichtliche Problem der Freiheitskriege 1813-1814, in: K. O. v. Aretin/G. A. Ritter (Hrsg.), Europa zwischen Revolution und Restauration 1797-1815, Stuttgart 1987, 201-215.
98. T.C.W.BLANNING, Die Ursprünge der französischen Revolutionskriege, in: 349, 175-189.
99. P. BRANDT, Einstellungen, Motive und Ziele von Kriegsfreiwilligen 1813/14. Das Freikorps Lützow, in: 101, 211-233.
100. H. CARL, Der Mythos des Befreiungskrieges. Die „martialische Nation" im Zeitalter der Revolutions- und Befreiungskriege 1792-1815, in: D. Langewiesche/G. Schmidt (Hrsg.), Föderative Nation. Deutschlandkonzepte von der Reformation bis zum Ersten Weltkrieg, München 2000, 63-82.
101. J. DÜLFFER (Hrsg.), Kriegsbereitschaft und Friedensordnung in Deutschland 1800-1814. Münster 1995.

102. J. ECHTERNKAMP, Der Aufstieg des deutschen Nationalismus, Frankfurt/Main 1998.
103. E. FEHRENBACH, Die Ideologisierung des Krieges und die Radikalisierung der Französischen Revolution, in: 121, 57-66.
104. S. FÖRSTER, Der Weltkrieg 1792-1815, in: 101, 17-38.
105. R. FRITZE, Militärschulen als wissenschaftliche Ausbildungsstätten in Deutschland und Frankreich im 18. Jahrhundert. Skizze zu einer vergleichenden Untersuchung, in: Francia 16/2 (1989) 213-232.
106. W. GEMBRUCH, Bürgerliche Publizistik und Heeresreform in Preußen (1805-1808), in: Militärgeschichte. Probleme, Thesen, Wege, Stuttgart 1982, 124-149.
107. C. v. d. GOLTZ, Rossbach und Jena. Studien über die Zustände und das geistige Leben in der Preußischen Armee während der Übergangszeit vom 18. zum 19. Jahrhundert, Berlin 1883.
108. H. HÄNDEL, Der Gedanke der allgemeinen Wehrpflicht in der Wehrverfassung des Königreiches Preußen bis 1819, Frankfurt/Main 1962.
109. D. HOHRATH, Die Bildung des Offiziers in der Aufklärung. Ferdinand Friedrich von Nicolai (1730-1814) und seine enzyklopädischen Sammlungen, Stuttgart 1990.
110. J. HOFFMANN, Jakob Mauvillon. Ein Offizier und Schriftsteller im Zeitalter der bürgerlichen Emanzipationsbewegung, Berlin 1981.
111. R. IBBEKEN, Preußen 1807-1813. Staat und Volk als Idee und in Wirklichkeit (Darstellung und Dokumentation), Köln 1970.
112. O. JESSEN, Mars mit Zopf? Rüchel (1754-1823). Krieg im Lichte der Vernunft, Diss. phil. Potsdam 2003.
113. E. KESSEL, Die allgemeine Wehrpflicht in der Gedankenwelt Scharnhorsts, Gneisenaus und Boyens, in: ders., Militärgeschichte und Kriegstheorie in neuerer Zeit. Ausgewählte Aufsätze, Berlin 1987, 175-188.
114. H. W. KOCH, Die Befreiungskriege 1807-1815. Napoleon gegen

Deutschland und Europa, Berg 1998.
115. B. R. KROENER, Aufklärung und Revolution. Die preußische Armee am Vorabend der Katastrophe von 1806, in: Die Französische Revolution und der Beginn des Zweiten Weltkrieges aus deutscher und französischer Sicht, Freiburg/Brsg. 1989, 45-70.
116. W. KRUSE, Die Erfindung des modernen Militarismus. Krieg, Militär und bürgerliche Gesellschaft im politischen Diskurs der Französischen Revolution 1789-1799, München 2003.
117. J. KUNISCH, Der kleine Krieg. Studien zum Heerwesen des Absolutismus, Wiesbaden 1973.
118. J. KUNISCH, Das „Puppenwerk" der Stehenden Heere. Ein Beitrag zur Neueinschätzung von Soldatenstand und Krieg in der Spätaufklärung, in: ZHF 17 (1990) 49-83.
119. J. KUNISCH, Von der gezähmten zur entfesselten Bellona. Die Umwertung des Krieges im Zeitalter der Revolutions- und Freiheitskriege, in: ders., Fürst, Gesellschaft, Krieg. Studien zur bellizistischen Disposition des absoluten Fürstenstaates, Köln 1992, 203-226.
120. J. KUNISCH/H. MÜNKLER (Hrsg.), Die Wiedergeburt des Krieges aus dem Geist der Revolution. Studien zum bellizistischen Diskurs des ausgehenden 18. und beginnenden 19. Jahrhunderts, Berlin 1999.
121. D. LANGEWIESCHE (Hrsg.), Revolution und Krieg. Zur Dynamik historischen Wandels seit dem 18. Jahrhundert, Paderborn 1989.
122. D. LANGEWIESCHE, „Revolution von oben"? Krieg und National staatsgründung in Deutschland, in: 121, 117-133.
123. M. LEHMANN, Scharnhorst. 2 Bde., Leipzig 1886/1887.
124. F. MEINECKE, Das Leben des Generalfeldmarschalls Hermann von Boyen. 2 Bde., Berlin 1896, 1899.
125. B. v. MÜNCHOW-POHL, Zwischen Reform und Krieg. Untersuchungen zur Bewußtseinslage in Preußen 1809-1812, Göttingen 1987.
126. W. NEUGEBAUER, Truppenchef und Schule im Alten Preußen.

Das preußische Garnison- und Regimentsschulwesen vor 1806, in: E. Henning/W. Vogel (Hrsg.), Festschrift der Landesgeschichtlichen Vereinigung für die Mark Brandenburg, Berlin 1984, 227-263.
127. H. G. NITSCHKE, Die preußischen Militärreformen 1807-1813. Die Tätigkeit der Militärreorganisationskommission und ihre Auswirkungen auf die preußische Armee, Berlin 1983.
128. E. OPITZ (Hrsg.), Gerhard von Scharnhorst. Vom Wesen und Wirken der preußischen Heeresreform, Bremen 1998.
129. E. OPITZ, Georg Heinrich von Berenhorst, in: U. Hartmann /D. Bald /K. Rosen (Hrsg.), Klassiker der Pädagogik im deutschen Militär, Frankfurt/Main 1999, 37-61.
130. E. PELZER, Die Wiedergeburt Deutschlands 1813 und die Dämonisierung Napoleons, in: 282, 135-156.
131. V PRESS, Warum gab es keine deutsche Revolution? Deutschland und das revolutionäre Frankreich 1789-1815, in: 121, 67-85.
132. R. PRÖVE, Stadtgemeindlicher Republikanismus und die „Macht des Volkes“. Civile Ordnungsformationen und kommunale Leitbilder politischer Partizipation in deutschen Staaten vom Ende des 18. bis zur Mitte des 19. Jahrhunderts, Göttingen 2000.
133. M. RINK, Vom „Partheygänger“ zum Partisanen. Die Konzeption des kleinen Kriegs in Preußen 1740-1813, Frankfurt/Main 1999.
134. D. SCHMIDT, Die preußische Landwehr, Berlin 1981.
135. H. SCHNITTER, Militärwesen und Militärpublizistik. Die militärische Zeitschriftenpublizistik in der Geschichte des bürgerlichen Militärwesens in Deutschland, Berlin 1967.
136. D. E. SHOWALTER, Hubertusburg to Auerstädt. The Prussian army in decline?, in: German History 12 (1994) 308-333.
137. M. SIKORA, „Ueber die Veredlung des Soldaten“. Positionsbestimungen zwischen Militär und Aufklärung, in: Aufklärung 11 (1999) 25-50.
138. J. SMETS, Von der „Dorfidylle“ zur preußischen Nation. Sozialdisziplinierung der linksrheinischen Bevölkerung durch die Franzosen am Beispiel

der allgemeinen Wehrpflicht (1802-1814), in: HZ 262 (1996) 695-738.
139. F.-C. STAHL, Zur Entwicklung der Reformen im Militär-Erziehungs- und Bildungswesen der preußischen Armee (1800-1850), in: B. Sösemann (Hrsg.), Gemeingeist und Bürgersinn. Die preußischen Reformen, Berlin 1993, 191-207.
140. U. WAETZOLDT, Preußische Offiziere im geistigen Leben des 18. Jahrhunderts, Halle 1936.
141. E.WEBER,LyrikderBefreiungskriege(1812-1815).Gesellschaftspolitische Meinungs- und Willensbildung durch Literatur, Stuttgart 1991.

3.2 三月前期とドイツ連邦

142. J. ANGELOW, Von Wien nach Königgrätz. Die Sicherheitspolitik des Deutschen Bundes im europäischen Gleichgewicht 1815-1866, München 1996.
143. M. ARNDT, Militär und Staat in Kurhessen 1813-1866. Das Offizierskorps im Spannungsfeld zwischen Monarchischem Prinzip und liberaler Bürgerwelt, Marburg 1996.
144. G. BRÜCKNER, Der Bürger als Bürgersoldat. Ein Beitrag zur Sozialgeschichte des Bürgertums und der bürgerlichen Gesellschaft des 19. Jahrhunderts. Dargestellt an den Bürgermilitärorganisatione n der Königreiche Bayern und Hannover und des Großherzogtums Baden, Diss. phil. Bonn 1968.
145. M. BUSCHMANN, Zwischen Bündnis und Integration. Sachsens militärpolitischer Eintritt in den Norddeutschen Bund 1866/67, Köln 2004.
146. J. CALLIESS, Militär in der Krise. Die bayerische Armee in der Revolution 1848/49, Boppard 1976.
147. E. GROTHE, Verfassungsgebung und Verfassungskonflikt. Das Kurfürstentum Hessen in der ersten Ära Hassenpflug 1830-1837, Berlin 1996.
148. W. D. GRUNER, Das Bayerische Heer 1825 bis 1864. Eine kritische

Analyse der bewaffneten Macht Bayerns vom Regierungsantritt Ludwigs I. bis zum Vorabend des deutschen Krieges, Boppard 1972.
149. H.-J. HARDER, Militärgeschichtliches Handbuch Baden-Württemberg, Stuttgart 1987.
150. H. HELMERT, Militärsystem und Streitkräfte im Deutschen Bund am Vorabend des preußisch-österreichischen Krieges von 1866, Berlin 1964.
151. R. HÖHN, Verfassungskampf und Heereseid. Der Kampf des Bürgertums um das Heer (1815-1850), Leipzig 1938.
152. W. KEUL, Die Bundesmilitärkommission (1819-1866) als politisches Gremium. Ein Beitrag zur Geschichte des Deutschen Bundes, Frankfurt/Main 1977.
153. A. LÜDTKE, „Wehrhafte Nation" und „innere Wohlfahrt": Zur militärischen Mobilisierbarkeit der bürgerlichen Gesellschaft. Konflikt und Konsens zwischen Militär und ziviler Administration in Preußen zwischen 1815 und 1860, in: MGM 19 (1981) 7-56.
154. A. LÜDTKE, „Gemeinwohl", Polizei und „Festungspraxis". Staatliche Gewaltsamkeit und innere Verwaltung in Preußen, 1815-1850, Göttingen 1982.
155. S. MÜLLER, Soldaten in der deutschen Revolution von 1848/49. Paderborn 1999.
156. A. MÜRMANN, Die öffentliche Meinung in Deutschland über das preußische Wehrgesetz von 1814 während der Jahre 1814-1819, Berlin 1910.
157. H. W. PINKOW, Der literarische und parlamentarische Kampf gegen die Institution des stehenden Heeres in Deutschland in der ersten Hälfte des XIX. Jahrhunderts (1815-1848), Berlin 1912.
158. R. PRÖVE, Bürgerwehren in den europäischen Revolutionen 1848, in: D. Dowe/H.-G. Haupt/D. Langewiesche (Hrsg.), Europa 1848. Revolution und Reform, Bonn 1998, 901-914.
159. R. PRÖVE, Politische Partizipation und soziale Ordnung: Das Konzept

der „Volksbewaffnung“ und die Funktion der Bürgerwehren 1848/49, in: W. Hardtwig (Hrsg.), Revolution in Deutschland und Europa 1848/49, Göttingen 1998, 109-132.
160. R. PRÖVE, Alternativen zum Militär- und Obrigkeitsstaat? Die gesellschaftliche und politische Dimension civiler Ordnungsformationen in Vormärz und Revolution, in: W. Rösener (Hrsg.), Staat und Krieg. Vom Mittelalter bis zur Moderne, Göttingen 2000, 204-224.
161. P. SAUER, Revolution und Volksbewaffnung. Die württembergischen Bürgerwehren im 19. Jahrhundert, vor allem während der Revolution von 1848/49, Ulm 1976.
162. H. SEIER, Der Oberbefehl im Bundesheer. Zur Entstehung der deutschen Bundeskriegsverfassung 1817-22, in: MGM 15 (1977) 7-33.
163. H. SEIER, Zur Frage der militärischen Exekutive in der Konzeption des deutschen Bundes, in: J. Kunisch (Hrsg.), Staatsverfassung und Heeresverfassung in der europäischen Geschichte, Berlin 1986, 397-445.
164. W. SCHNABEL, Die Kriegs- und Finanzverfassung des Deutschen Bundes, Marburg 1966.
165. W. SIEMANN, Heere, Freischaren, Barrikaden. Die bewaffnete Macht als Instrument der Innenpolitik in Europa 1815-1847, in: 121,87-102.
166. W. STEINHILBER, Die Heilbronner Bürgerwehren 1848 und 1849 und ihre Beteiligung an der badischen Mai-Revolution des Jahres 1849, Heilbronn 1959.
167. G. MÜLLER-SCHELLENBERG/W. ROSENWALD/P. WACKER, Das herzoglich-nassauische Militär 1806-1866. Militärgeschichte im Spannungsfeld von Politik, Wirtschaft und sozialen Verhältnissen eines deutschen Kleinstaates, Taunusstein 1998.
168. T.M.SCHNEIDER, Heeresergänzung und Sozialordnung. Dienstpflichtige, Einsteher und Freiwillige in Württemberg zur Zeit des Deutschen Bundes, Frankfurt/Main 2002.
169. E. TROX, Militärischer Konservativismus. Kriegervereine und ‚Militär

partei' in Preußen zwischen 1815 und 1848/49, Stuttgart 1990.
170. U. VOLLMER, Die Armee des Königreichs Hannover. Bewaffnung und Geschichte von 1803-1866, Schwäbisch-Hall 1978.
171. M. WETTENGEL, Die Wiesbadener Bürgerwehr 1848/49 und die Revolution im Herzogtum Nassau, Wiesbaden 1998.
172. E. WIENHÖFER, Das Militärwesen des Deutschen Bundes und das Ringen zwischen Österreich und Preußen um die Vorherrschaft in Deutschland 1815-1866, Osnabrück 1973.

3.3 統一戦争と帝国創建

173. F. BECKER, Bilder von Krieg und Nation. Die Einigungskriege in der bürgerlichen Öffentlichkeit Deutschlands 1864-1913, München 2001.
174. A. BUCHOLZ, Moltke and the German Wars, 1864-1871, New York 2001.
175. G. A. CRAIG, Königgrätz 1866. Eine Schlacht macht Weltgeschichte, Wien 1997.
176. N. BUSCHMANN, Einkreisung und Waffenbruderschaft. Die öffentliche Deutung von Krieg und Nation in Deutschland 1850-1871, Göttingen 2004.
177. H. FENSKE, Die Deutschen und der Krieg von 1870/71. Zeitgenössische Urteile, in: P. Levillain/R. Riemenschneider (Hrsg.), La guerre de 1870/71 et ses conséquences, Bonn 1990, 167-215.
178. S. FÖRSTER/J. NAGLER (Hrsg.), On the Road to Total War. The American Civil War and the German Wars of Unification 1861-1871, Cambridge 1997.
179. K. FUCHS, Zur politischen Lage und Stimmung bei Ausbruch des Deutsch-Französischen Krieges von 1870/71, in: Nassauische Annalen 89 (1978) 115-127.
180. J. D. HALGUS, The Bavarian Soldier 1871-1914, New York 1980.
181. R. HAUSSCHILD-THIESSEN, Hamburg im Kriege 1870/71, in: Zeitschrift des Vereins für hamburgische Geschichte (ZVHG) 57

(1971) 1-45.
182. R. HELFERT, Der preußische Liberalismus und die Heeresreform von 1860, Bonn 1989.
183. H. HELMERT, Militärsystem und Streitkräfte im Deutschen Bund am Vorabend des Preußisch-Österreichischen Krieges von 1866, Berlin 1964.
184. H. HELMERT, Kriegspolitik und Strategie. Politische und militärische Ziele der Kriegführung des preußischen Generalstabes vor der Reichsgründung (1859-1869), Berlin 1970.
185. H. HELMERT /H. USCZECK, Preußischdeutsche Kriege von 1864 bis 1871. Militärischer Verlauf, Berlin 1978.
186. E. KOLB (Hrsg.), Europa vor dem Krieg von 1870. Mächtekonstellationen, Konfliktfelder, Kriegsausbruch, München 1987.
187. E. KOLB, Der Weg aus dem Krieg. Bismarcks Politik im Krieg und die Friedensanbahnung 1870/71, München 1989.
188. F. KÜHLICH, Die deutschen Soldaten im Krieg von 1870/71. Eine Darstellung der Situation und der Erfahrungen der deutschen Soldaten im Deutsch-Französischen Kriege, Frankfurt/Main 1995.
189. R. LENZ, Kosten und Finanzierung des Deutsch-Französischen Krieges 1870/71. Dargestellt am Beispiel Württembergs, Badens und Bayerns, Boppard 1970.
190. C. RAK, Krieg, Nation und Konfession. Die Erfahrung des deutsch-französischen Krieges von 1870/71, Paderborn 2004.
191. H. RÜDDENKLAU, Studien zur bayerischen Militärpolitik 1871-1914, Berlin 1973.
192. E. SCHNEIDER, Die Reaktion der deutschen Öffentlichkeit auf den Kriegsbeginn. Das Beispiel der Bayerischen Rheinpfalz, in: P. Levillain/R. Riemenschneider (Hrsg.), La guerre de 1870/71 et ses conséquences, Bonn 1990, 110-158.
193. A. SEYFERTH, Die Heimatfront 1870/71. Wirtschaft und Gesellschaft im deutsch-französischen Krieg, Diss. phil. Potsdam 2005.

194. M. STEINBACH, Abgrund Metz. Kriegserfahrung, Belagerungsalltag und nationale Erziehung im Schatten einer Festung 1870/71, München 2002.
195. L. SUKSTORF, Die Problematik der Logistik im deutschen Heer während des deutsch-französischen Krieges 1870/71, Hamburg 1995.
196. D. VOGEL, Der Stellenwert des Militärischen in Bayern (1849-1875). Eine Analyse des militär-zivilen Verhältnisses am Beispiel des Militäretats, der Heeresstärke und des Militärjustizwesens, Boppard 1981.
197. D. WALTER, Preußische Heeresreformen 1807-1870. Militärische Innovation und der Mythos der „Roonschen Reform", Paderborn 2003.
198. G. WAWRO, The Austro-Prussian War. Austria's War with Prussia and Italy in 1866, Cambridge 1996.
199. G. WAWRO, The Franco-Prussian War. The German Conquest of France in 1870-1871, Cambridge 2003.
200. G. WAWRO, Warfare and Society in Europe 1792-1914, London 2000.
201. U. WENGENROTH, Industry and Warfare in Prussia, in: 178,249-262.

3.4 帝政期の軍隊

202. H. AFFLERBACH, Falkenhayn. Politisches Denken und Handeln im Kaiserreich, München 1994.
203. W. K. BLESSING, Disziplinierung und Qualifizierung. Zur kulturellen Bedeutung des Militärs im Bayern des 19. Jahrhunderts, in: GG 17 (1991) 459-479.
204. A. BUCHOLZ, Moltke, Schlieffen, and Prussian War Planning, New York 1991.
205. K. CANIS, Bismarck und Waldersee. Die außenpolitischen Krisenerscheinungen und das Verhalten des Generalstabs 1882 bis 1890, Berlin 1980.
206. F. FISCHER, Bündnis der Eliten. Zur Kontinuität der Machtstrukturen

in Deutschland 1871-1945, Düsseldorf 1979.
207. R. G. FOERSTER (Hrsg.), Generalfeldmarschall von Moltke. Bedeutung und Wirkung, München 1991.
208. B. GÖDDE-BAUMANNS, Ansichten eines Krieges. Die „Kriegsschuldfrage" von 1870 in zeitgenössischem Bewusstsein, Publizistik und wissens chaftlicher Diskussion 1870-1914, in: 186, 175-201.
209. H. HASENBEIN, Die parlamentarische Kontrolle des militärischen Oberbefehls im Deutschen Reich von 1871 bis 1918, Diss. jur. Göttingen 1968.
210. I. V. HULL, Absolute Destruction. Military Culture and the Practices of War in Imperial Germany, Ithaca 2005.
211. K.-E. JEISMANN, Das Problem des Präventivkrieges im europäischen Staatensystem mit besonderem Blick auf die Bismarckzeit, Freiburg/Brsg. 1957.
212. E. KOLB, Gezähmte Halbgötter? Bismarck und die militärische Führung 1871-1890, in: L. Gall (Hrsg.), Otto von Bismarck und Wilhelm II. Repräsentanten eines Epochenwechsels? Paderborn 2001, 41-60.
213. H. O. MEISNER, Militärattachés und Militärbevollmächtigte in Preußen und im Deutschen Reich. Ein Beitrag zur Geschichte der Militärdiplomatie, Berlin 1957.
214. M. MESSERSCHMIDT, Militär und Politik in der Bismarckzeit und im wilhelminischen Deutschland, Darmstadt 1975.
215. O. PFLANZE, Bismarck. Bd. 1: Der Reichsgründer. Bd. 2: Der Reichskanzler, München 1997-1998.
216. T. ROHKRÄMER, Der Militarismus der „kleinen Leute". Die Kriegervereine im Deutschen Kaiserreich 1871-1914, München 1990.
217. H. RUMSCHÖTTEL, Das bayerische Offizierkorps 1866-1914, Berlin 1973.
218. M. SCHMID, Der „eiserne Kanzler" und die Generäle. Deutsche Rüstungspolitik in der Ära Bismarcks (1871-1890), Paderborn 2003.
219. D. E. SHOWALTER, The Political Soldiers of Bismarck's Germany.

Myths and Realities, in: German Studies Review 17 (1994), 59-77.
220. H.-P. ZIMMERMANN, „Der feste Wall gegen die rote Flut“. Kriegervereine in Schleswig-Holstein 1864-1914, Neumünster 1989.

4　テーマ別文献

4.1　宗教と都市

221. R. BRAUN, Garnisonsbewerbungen aus Franken 1803-1919, in: Jb. für fränkische Landesforschung 47 (1987) 105-150.
222. R. BRAUN, Garnisonswünsche 1815-1914. Bemühungen bayerischer Städte und Märkte um Truppen oder militärische Einrichtungen, in: 231, 311-335.
223. T. BRUDER, Nürnberg als bayerische Garnison von 1806 bis 1914. Städtebauliche, wirtschaftliche und soziale Einflüsse, Nürnberg 1992.
224. A. FAHL, Das Hamburger Bürgermilitär 1814-1868, Hamburg 1987.
225. H. T. GRÄF, Militarisierung der Stadt oder Urbanisierung des Militärs. Ein Beitrag zur Militärgeschichte der frühen Neuzeit aus stadtgeschichtlicher Perspektive, in: R. Pröve (Hrsg.), Klio in Uniform? Probleme und Perspektiven einer modernen Militärgeschichte der Frühen Neuzeit, Köln 1997, 89-108.
226. U. HETTINGER, Passau als Garnisonstadt im 19. Jahrhundert, Augsburg 1994.
227. C. IRZIK, Sicherheits- und Wirtschaftsmotive bei Garnisonbewerbungen aus dem rheinisch-westfälischen Industriegebiet in der Kaiserzeit, in: 231, 263-280.
228. C. LANKES, München als Garnison im 19. Jahrhundert. Die Haupt- und Residenzstadt als Standort der bayerischen Armee von Kurfürst Max IV Joseph bis zur Jahrhundertwende, Berlin 1993.
229. R. SCHMIDT, Innere Sicherheit und „gemeiner Nutzen“. Stadt und Militär in der Rheinprovinz von der Reformzeit bis zur Jahrhundertmitte, in: 231, 153-214.

230. W. SCHMIDT, Eine Stadt und ihr Militär. Regensburg als bayerische Garnisonstadt im 19. und frühen 20. Jahrhundert, Regensburg 1993.
231. B. SICKEN (Hrsg.), Stadt und Militär 1815-1914. Wirtschaftliche Impulse, infrastrukturelle Beziehungen, sicherheitspolitische Aspekte, Paderborn 1998.
232. T. TIPPACH, Koblenz als preußische Garnison- und Festungsstadt. Wirtschaft, Infrastruktur und Städtebau, Köln 2000.
233. G. WITTLING, Zivil-militärische Beziehungen im Spannungsfeld von Residenz und entstehendem großstädtischen Industriezentrum. Die Berliner Garnison als Faktor der inneren Sicherheit 1815-1871, in: 231, 215-242.

4.2 社会構造・社会・日常

234. U. BREYMAYER (Hrsg.), Willensmenschen. Über deutsche Offiziere, Frankfurt/Main 1999.
235. U. BREYMAYER, „Mein Kampf": Das Phantom des Offiziers. Zur Autobiographie eines jüdischen Wilhelminers, in: 234, 79-93.
236. W. DEIST, Zur Geschichte des preußischen Offizierkorps 1888-1918, in: ders., Militär, Staat und Gesellschaft. Studien zur preußisch-deutschen Militärgeschichte, München 1991, 43-56.
237. K. DEMETER, Das Deutsche Offizierkorps in Gesellschaft und Staat 1650-1945, Frankfurt/Main 1962.
238. S. FÖRSTER, Militär und staatsbürgerliche Partizipation. Die allgemeine Wehrpflicht im Deutschen Kaiserreich 1871-1914, in: R. G. Foerster (Hrsg.), Die Wehrpflicht. Entstehung, Erscheinungsformen und politisch-militärische Wirkung, München 1994, 55-70.
239. S. FÖRSTER, Der deutsche Generalstab und die Illusion des kurzen Krieges, 1871-1914, Metakritik eines Mythos, in: MGM 54 (1995) 61-95.
240. S. FÖRSTER, Der Krieg der Willensmenschen. Die deutsche Offizierselite auf dem Weg in den Ersten Weltkrieg, 1871-1914, in:

234,23-36.
241. S. FÖRSTER, Der Sinn des Krieges. Die deutsche Offizierselite zwischen Religion und Sozialdarwinismus, 1870-1914, in: 282, 193-211.
242. U. FREVERT (Hrsg.), Militär und Gesellschaft im 19. und 20. Jahrhundert, Stuttgart 1997.
243. U. FREVERT, Das jakobinische Modell: Allgemeine Wehrpflicht und Nationsbildung in Preußen-Deutschland, in: 242, 17-47.
244. U. FREVERT, Die kasernierte Nation. Militärdienst und Zivilgesellschaft in Deutschland. München 2001.
245. M. FUNCK, Feudales Kriegertum und militärische Professionalität: der Adel im preußisch-deutschen Offizierskorps 1860-1935, Berlin voraussichtlich 2011.
246. O. HACKL, Die Vorgeschichte, Gründung und frühe Entwicklung der Generalstäbe Österreichs, Bayerns und Preußens. Ein Überblick, Osnabrück 1997.
247. J. HUERTER, Wilhelm Groener. Reichswehrminister am Ende der Weimarer Republik (1928-1932), München 1993.
248. R. JAUN, Preußen vor Augen. Das schweizerische Offizierskorps im militärischen und gesellschaftlichen Wandel des Fin de siècle, Zürich 1999.
249. H. JOHN, Das Reserveoffizierkorps im Deutschen Kaiserreich 1890-1914. Ein sozialgeschichtlicher Beitrag zur Untersuchung der gesellschaftlichen Militarisierung im wilhelminischen Deutschland, Frankfurt/Main 1981.
250. W. LAHME, Unteroffiziere. Werden, Wesen und Wirkung eines Berufsstandes, München 1965.
251. B. R. KROENER, „Der starke Mann im Heimatkriegsgebiet". Generaloberst Friedrich Fromm, Paderborn 2005.
252. K.-H. LUTZ, Das badische Offizierskorps 1840-1870/71, Stuttgart 1997.
253. H. MEIER-WELCKER (Hrsg.), Untersuchungen zur Geschichte des

Offizierkorps. Anciennität und Beförderung nach Leistung, Stuttgart 1962.
254. H. MEIER-WELCKER (Hrsg.), Offiziere im Bild von Dokumenten aus drei Jahrhunderten, Stuttgart 1964.
255. M. MESSERSCHMIDT, Militär und Schule in der wilhelminischen Zeit, in: ders., Militärgeschichtliche Aspekte der Entwicklung des deutschen Nationalstaats, Düsseldorf 1988, 64-101.
256. C. E. O. MILLOTAT, Das preußisch-deutsche Generalstabssystem. Wurzeln, Entwicklung, Fortwirken, Zürich 2000.
257. J. MONCURE, Forging the King' s Sword. Military Education Between Tradition and Modernization. The Case of the Royal Prussian Cadet Corps 1871-1918, New York 1993.
258. H. OSTERTAG, Bildung, Ausbildung und Erziehung des Offizierkorps im deutschen Kaiserreich 1871 bis 1918, Frankfurt/Main 1990.
259. C. RAK, Kriegsalltag im Lazarett. Jesuiten im deutsch-französischen Krieg 1870/71, in: 271, 125-145.
260. K. SAUL, Der Kampf um die Jugend zwischen Volksschule und Kaserne. Ein Beitrag zur „Jugendpflege " im Wilhelminischen Reich, in: MGM 9 (1971), 97-143.
261. T. SCHWARZMÜLLER, Zwischen Kaiser und „Führer". Generalfeldmarschall August von Mackensen. Eine politische Biographie, Paderborn 1995.
262. M. R. STONEMAN, Bürgerliche und adlige Krieger: Zum Verhältnis von sozialer Herkunft und Berufskultur im wilhelminischen Armee-Offizierkorps, in: H. Reif (Hrsg.), Adel und Bürgertum in Deutschland II. Entwicklungslinien und Wendepunkte im 20. Jahrhundert, Berlin 2001, 25-63.
263. H. STÜBIG, Bildung, Militär und Gesellschaft in Deutschland. Studien zur Entwicklung im 19. Jahrhundert, Köln 1994.
264. H. WIEDNER, Soldatenmisshandlungen im wilhelminischen Kaiserreich 1890-1914, in: AfS 22 (1982) 159-200.
265. J.-K. ZABEL, Das preußische Kadettenkorps. Militärische Jugen

derziehung als Herrschaftsmittel im preußischen Militärsystem. Frankfurt/Main 1978.

4.3 文化・認識・経験・記憶

266. E. W. BECKER, Zeiterfahrungen zwischen Revolution und Krieg. Zum Wandel des Zeitbewusstseins in der napoleonischen Ära, in: 271, 67-95.
267. F. BECKER, Bilder von Krieg und Nation. Die Einigungskriege in der Öffentlichkeit Deutschlands 1864-1913, München 2001.
268. F. BECKER, Kriegserfahrungen in der Ära der Einigungskriege aus systemtheoretischer Sicht, in: 271, 147-172.
269. H. BERDING/K. HELLER/W. SPEITKAMP (Hrsg.), Krieg und Erinnerung. Fallstudien zum 19. und 20. Jahrhundert, Göttingen 2000.
270. W. BÜHRER, Volksreligiosität und Kriegserleben. Bayerische Soldaten im Deutsch-Französischen Krieg 1870/71, in: F. Boll (Hrsg.), Volksreligiosität und Kriegserleben, Münster 1997, 48-65.
271. N. BUSCHMANN/H. CARL (Hrsg.), Die Erfahrung des Krieges. Erfahrungsgeschichtliche Perspektiven von der Französischen Revolution bis zum Zweiten Weltkrieg, Paderborn 2001.
272. N. BUSCHMANN, „Moderne Versimplung" des Krieges. Kriegsberichterstattung und öffentliche Kriegsdeutung an der Schwelle zum Zeitalter der Massenkommunikation, in: 271, 97-123.
273. N. BUSCHMANN/D. LANGEWIESCHE (Hrsg.). Der Krieg in den Gründungsmythen europäischer Nationen und der USA, Frankfurt/Main 2003.
274. N. BUSCHMANN, „Im Kanonenfeuer müssen die Stämme Deutschlands zusammen geschmolzen werden". Zur Konstruktion nationaler Einheit in den Kriegen der Reichsgründungsphase, in: 273, 99-119.
275. H. CARL, „Der Anfang vom Ende". Kriegserfahrung und Religion in Belgien während der Französischen Revolutionskriege, in: D. Beyrau

(Hrsg.), Der Krieg in religiösen und nationalen Deutungen der Neuzeit. Tübingen 2001, 86-110.

276. M. GRESCHAFT, Krieg und Kriegsbereitschaft im deutschen Protestantismus, in: J. Dülffer/K. Holl (Hrsg.), Bereit zum Krieg. Kriegsmentalität im wilhelminischen Deutschland, 1890-1914, Göttingen 1986, 33-55.

277. M. JEISMANN, Das Vaterland der Feinde. Studien zum nationalen Feindbegriff und Selbstverständnis in Deutschland und Frankreich 1792-1918, Stuttgart 1992.（ミヒャエル・ヤイスマン『国民とその敵』木村靖二編、山川出版社、2007年）

278. R. KIPPER, Formen literarischer Erinnerung an den Deutsch-Französischen Krieg von 1870/71, in: 269, 17-37.

279. R. KOSELLECK/M. JEISMANN (Hrsg.), Der politische Totenkult. Kriegerdenkmäler in der Moderne, München 1994.

280. B. R. KROENER, „Nun danket alle Gott". Der Choral von Leuthen und Friedrich der Große als protestantischer Held. Die Produktion politischer Mythen im 19. und 20. Jahrhundert, in: 282, 105-134.

281. G. KRÜGER, Vergessene Kriege. Warum gingen die deutschen Kolonialkriege nicht in das historische Gedächtnis der Deutschen ein?, in: 273, 120-137.

282. G. KRUMEICH/H. LEHMANN (Hrsg.), „Gott mit uns". Nation, Religion und Gewalt im 19. und frühen 20. Jahrhundert, Göttingen 2000.

283. D. LANGEWIESCHE, Krieg im Mythenarsenal europäischer Nationen und der USA. Überlegungen zur Wirkungsmacht politischer Mythen, in: 273, 13-22.

284. K. B. MURR, „Treue bis in den Tod". Kriegsmythen in der bayerischen Geschichtspolitik im Vormärz, in: 273, 138-174.

285. U. PLANERT, Zwischen Alltag, Mentalität und Erinnerungskultur. Erfahrungsgeschichte an der Schwelle zum nationalen Zeitalter, in: 271, 51-66.

286. C. RAK, Ein großer Verbrüderungskrieg? Kriegserfahrungen von

katholischen Feldgeistlichen und das Bild vom Deutsch-Französischen Krieg 1870/71, in: 269, 39-63.

287. J. VOGEL, Nationen im Gleichschritt. Der Kult der „Nation in Waffen" in Deutschland und Frankreich 1871-1914, Göttingen 1997.

4.4 男性と女性

288. S. BRÄNDLI, Von „schneidigen Offizieren" und „Militärcrinolinen". Aspekte symbolischer Männlichkeit am Beispiel preußischer und schweizerischer Uniformen des 19. Jahrhunderts, in: 242, 201-228.

289. U. FREVERT, Soldaten, Staatsbürger. Überlegungen zur historischen Konstruktion von Männlichkeit, in: 299, 69-87.

290. U. FREVERT, Das Militär als „Schule der Männlichkeit". Erwartungen, Angebote, Erfahrungen im 19. Jahrhundert, in: 242, 145-173.

291. H. HACKER, Ein Soldat ist meistens keine Frau. Geschlechterkons truktionen im militärischen Feld, in: Österreichische Zeitschrift für Soziologie 20 (1995) 45-63.

292. K. HAGEMANN, „Heran, heran, zu Sieg oder Tod!" Entwürfe patriotisch-wehrhafter Männlichkeit in der Zeit der Befreiungskriege, in: 299, 51-68.

293. K. HAGEMANN, Heldenmütter. Kriegerbräute und Amazonen. Entwürfe „patriotischer Weiblichkeit" zur Zeit der Freiheitskriege, in: 242, 174-200.

294. K. HAGEMANN/R. PRÖVE (Hrsg.), Landsknechte, Soldatenfrauen und Nationalkrieger. Militär, Krieg und Geschlechterordnung im historischen Wandel, Frankfurt/Main 1998.

295. K. HAGEMANN, Der „Bürger" als „Nationalkrieger". Entwürfe von Militär, Nation und Männlichkeit in der Zeit der Freiheitskriege, in: 294, 74-102.

296. K. HAGEMANN, „Mannlicher Muth und Teutsche Ehre". Nation, Militär und Geschlecht zur Zeit der antinapoleonischen Kriege Preußens, Paderborn 2002.

297. G. HAUCH, „Bewaffnete Weiber". Kämpfende Frauen in den Kriegen der Revolution von 1848/49, in: 294, 223-246.
298. T. KÜHNE, Kameradschaft - „das Beste im Leben des Mannes". Die deutschen Soldaten des Zweiten Weltkrieges in erfahrungs- und g eschlechtergeschichtlicher Perspektive, in: D. Langewiesche (Hrsg.), Militärgeschichte heute, Göttingen 1996, 504-529.
299. T. KÜHNE (Hrsg.), Männergeschichte, Geschlechtergeschichte. Männlichkeit im Wandel der Moderne, Frankfurt/Main 1996.（トーマス・キューネ編『男の歴史――市民社会と「男らしさ」の神話』星乃治彦訳、柏書房、1997年）
300. M. LENGWILER, Jenseits der „Schule der Männlichkeit". Hysterie in der deutschen Armee vor dem Ersten Weltkrieg, in: 294, 145-167.
301. C. OPITZ, Der Bürger wird Soldat - und die Bürgerin...? Die Revolution, der Krieg und die Stellung der Frauen nach 1789, in: V. Schmidt-Linsenhoff (Hrsg.), Sklavin oder Bürgerin? Französische Revolution und neue Weiblichkeit 1760-1830, Frankfurt/Main 1989, 38-53.
302. E. PELZER, Frauen, Kinder und Krieg in revolutionären Umbruchzeiten (1792-1815), in: D. Dahlmann (Hrsg.), Kinder und Jugendliche in Krieg und Revolution. Vom Dreißigjährigen Krieg bis zu den Kindersoldaten Afrikas, Paderborn 2000, 17-41.
303. R. PRÖVE, „Der Mann des Mannes". ‚Civile' Ordnungsformationen, Staatsbürgerschaft und Männlichkeit im Vormärz, in: 294, 103-120.
304. D. A. REDER, „...aus reiner Liebe für Gott, für den König und das Vaterland". Die „patriotischen Frauenvereine" in den Freiheitskriegen von 1813-1815, in: 294, 199-222.
305. D. RIESENBERGER, Zur Professionalisierung und Militarisierung der Schwestern vom „Roten Kreuz" vor dem Ersten Weltkrieg, in: MGM 53 (1994) 49-72.
306. J. H. QUATAERT, „Damen der besten und besseren Stände". „Vaterländische Frauenarbeit" in Krieg und Frieden 1864-1890, in: 294, 247-275.

307. R. SCHILLING, Die soziale Konstruktion heroischer Männlichkeit im 19. Jahrhundert. Das Beispiel Theodor Körner, in: 294, 121-144.
308. R. SCHILLING, „Kriegshelden". Deutungsmuster heroischer Männlichkeit in Deutschland 1813-1945, Paderborn 2002.
309. J. VOGEL, Samariter und Schwestern. Geschlechterbilder und -beziehungen im „Deutschen Roten Kreuz" vor dem Ersten Weltkrieg, in: 294, 322-344.

4.5 経済・軍備・技術

310. K.-J. BREMM, Von der Chaussee zur Schiene. Militärstrategie und Eisenbahnen in Preußen von 1833 bis zum Feldzug von 1866, München 2005.
311. L. BURCHARDT, Friedenswirtschaft und Kriegsvorsorge. Deutschlands wirtschaftliche Rüstungsbestrebungen vor 1914, Boppard 1968.
312. M. v. CREVELD, Technology and War. From 2000 B.C. to the Present, New York 1989.
313. H. EICHBERG, Militär und Technik als historische Problemstellung. Ein methodologischer Versuch, in: U. v. Gersdorff (Hrsg.), Geschichte und Militärgeschichte. Wege der Forschung, Frankfurt/Main 1974. 233-257.
314. S. FÖRSTER, Der doppelte Militarismus. Die deutsche Heeresrüstung spolitik zwischen Status-quo-Sicherung und Aggression 1890-1913, Stuttgart 1985.
315. L. GALL, Krupp. Der Aufstieg eines Industrieimperiums, München 2000.
316. M. GEYER, Deutsche Rüstungspolitik 1860-1980, Frankfurt/Main 1984.
317. H.-D. GÖTZ, Die deutschen Militärgewehre und Maschinenpistolen 1871-1945, Stuttgart 1985.
318. B. C. HACKER, Military Institutions, Weapons and Social Change. Towards a New History of Military Technology, in: Technology and

Culture 35 (1994) 768-834.

319. S. KAUFMANN, Kommunikationstechnik und Kriegführung 1815-1945. Stufen telemedialer Rüstung, München 1996.

320. L. KÖLLNER, Militär und Finanzen. Zur Finanzgeschichte und Finanzsoziologie von Militärausgaben in Deutschland. München 1982.

321. V. MOLLIN, Auf dem Weg zur Materialschlacht. Vorgeschichte und Funktionieren des Artillerie-Industrie-Komplexes im Deutschen Kaiserreich, Diss. phil. Pfaffenweiler 1986.

322. K. E. POLLMANN, Heeresverfassung und Militärkosten im preußisch-deutschen Verfassungsstaat 1860-1868, in: J. Dülffer (Hrsg.), Parlamentarische und öffentliche Kontrolle von Rüstung in Deutschland, 1700-1970, Düsseldorf 1992, 45-61.

323. D. E. SHOWALTER, Weapons and Ideas in the Prussian Army from Frederick the Great to Moltke the Elder, in: J. A. Lynn (Hrsg.), Tools of War. Instruments, Ideas and Institutions of Warfare 1445-1871, Chicago 1990, 177-210.

324. D. STORZ, Kriegsbild und Rüstung vor 1914. Europäische Landstreitkräfte vor dem Ersten Weltkrieg, Herford 1992.

325. R. WIRTGEN (Hrsg.), Das Zündnadelgewehr. Eine militärtechnische Revolution im 19. Jahrhundert, Herford 1991.

326. N. ZDROWOMYSLAW, Wirtschaft, Krise und Rüstung. Die Militärausgaben in ihrer wirtschaftlichen und wirtschaftspolitischen Bedeutung in Deutschland von der Reichsgründung bis zur Gegenwart, Bremen 1985.

327. N. ZDROWOMYSLAW/H.-J. BONTRUP, Die deutsche Rüstungsindustrie. Vom Kaiserreich bis zur Bundesrepublik. Ein Handbuch, Heilbronn 1988.

4.6 軍事化と暴力

328. D. BALD, Ein Offizier als Kritiker des preußisch-deutschen Militarismus. Alfons Falkner von Sonnenburg, in: 342, 219-234.

329. F. BECKER, Strammstehen vor der Obrigkeit? Bürgerliche Wahrnehmung der Einigungskriege und Militarismus im Deutschen Kaiserreich, in: HZ 277 (2003) 87-113.
330. F. BECKER, Synthetischer Militarismus. Die Einigungskriege und der Stellenwert des Militärischen in der deutschen Gesellschaft, in: M. Epkenhans/G. P. Groß (Hrsg.), Das Militär und der Aufbruch in die Moderne 1860 bis 1890. Armeen, Marinen und der Wandel von Politik, Gesellschaft und Wirtschaft in Europa, den USA sowie Japan, München 2003, 125-141.
331. V. R. BERGHAHN (Hrsg.), Militarismus, Köln 1975.
332. V R. BERGHAHN, Militarismus. Die Geschichte einer internationalen Debatte, New York 1986.（フォルカー・R・ベルクハーン『軍国主義と政軍関係――国際的論争の歴史』三宅正樹訳、南窓社、1991年）
333. S. FÖRSTER, Militär und Militarismus im Deutschen Kaiserreich. Versuch einer differenzierten Betrachtung, in: 342, 63-80.
334. K. HOLL, Militarismuskritik in der bürgerlichen Demokratie des Wilhelminischen Reiches. Das Beispiel Ludwig Quidde, in: 342, 115-127.
335. C. JAHR, British Prussianism. Überlegungen zu einem europäischen Militarismus im 19. und frühen 20. Jahrhundert, in: 342, 293-309.
336. U. KÄTZEL, Militarismuskritik sozialdemokratischer Politikerinnen in der Zeit des Wilhelminischen Kaiserreiches. Möglichkeiten, Grenzen und inhaltliche Positionen, in: 342, 165-189.
337. B. R. KROENER, Integrationsmilitarismus? Zur Rolle des Militärs als Instrument bürgerlicher Partizipationsbemühungen im Deutschen Reich und in Preußen im 19. Jahrhundert bis zum Ausbruch des Ersten Weltkrieges, in: P. Baumgart/B. R. Kroener/H. Stübig (Hrsg.), Die preußische Armee zwischen Ancien Régime und Reichsgründung. Studien zu ihrer Entwicklung im 18. und 19. Jahrhundert, Paderborn 2008.
338. B. NEFF, „Dekorationsmilitarismus“. Die sozialdemokratische Kritik

eines vermeintlich nicht kriegsgemäßen Militärwesens, in: 342, 128-145.

339. M. INGENLATH, Mentale Aufrüstung. Militarisierungstendenzen in Frankreich und Deutschland vor dem Ersten Weltkrieg, Frankfurt/Main 1998.
340. D. RIESENBERGER, Katholische Militarismuskritik im Kaiserreich, in: 342, 97-114.
341. J. VOGEL, Der „Folkloremilitarismus" und seine zeitgenössische Kritik. Deutschland und Frankreich 1871-1914, in: 342, 277-292.
342. W. WETTE (Hrsg.), Militarismus in Deutschland 1871 bis 1945, Hamburg 1999.
343. E. WILLEMS, Der preußisch-deutsche Militarismus. Ein Kulturkomplex im sozialen Wandel, Köln 1984.
344. B. ZIEMANN, Sozialmilitarismus und militärische Sozialisation im deutschen Kaiserreich 1870-1914. Desiderate und Perspektiven in der Revision eines Geschichtsbildes, in: GWU 53 (2002) 148-164.

4.7 その他

345. M. v. CREVELD, Die Zukunft des Krieges, München 1998.
346. J. DÜLFFER, Im Zeichen der Gewalt. Frieden und Krieg im 19. und 20. Jahrhundert, Köln 2003.
347. J. DÜLFFER/M. KRÖGER/R.-H. WIPPICH (Hrsg.), Vermiedene Kriege. Deeskalation von Konflikten der Großmächte zwischen Krimkrieg und Erstem Weltkrieg (1856-1914), München 1994.
348. A. HERBERG-ROTHE, Der Krieg. Geschichte und Gegenwart, Frankfurt/Main 2003.
349. B. WEGNER (Hrsg.), Wie Kriege entstehen. Zum historischen Hintergrund von Staatenkonflikten, Paderborn 2000.
350. B. WEGNER (Hrsg.), Wie Kriege enden. Wege aus dem Krieg von der Antike bis zur Gegenwart, Paderborn 2002.

〈著者紹介〉

ラルフ・プレーヴェ（Ralf Pröve）

ポツダム大学哲学部史学科教授。1960年ドイツ・ニーダーザクセン生まれ。ゲッティンゲン大学で歴史学、ドイツ文学、教育心理学を学ぶ。1992年にゲッティンゲン大学に博士論文を提出（ハールヴェーク賞受賞）、1998年教授資格論文受理（フンボルト大学）。著書等、訳者あとがきを参照。

〈訳者紹介〉

阪口修平（さかぐち・しゅうへい）

中央大学文学部教授。文学博士。1943年大阪府生まれ。広島大学大学院文学研究科博士課程単位取得退学。
主著：『プロイセン絶対王政の研究』（中央大学出版部、1988年）、『近代ヨーロッパの探求 軍隊』（共編著、ミネルヴァ書房、2009年）、『世界各国史 ドイツ史』（共著、山川出版社、2001年）、主訳書：U. ブレーカー著『スイス傭兵ブレーカーの自伝』（共訳、刀水書房、2000年）。

丸畠宏太（まるはた・ひろと）

敬和学園大学人文学部教授。1958年東京都生まれ。京都大学大学院法学研究科博士後期課程単位取得退学。
主著：『近代ヨーロッパの探求 軍隊』（共編著、ミネルヴァ書房、2009年）、『近代ドイツ=資格社会の展開』（共著、名古屋大学出版会、2003年）、『近代ドイツの歴史』（共著、ミネルヴァ書房、2005年）『クラウゼヴィッツと「戦争論」』（共著、彩流社、2008年）、主訳書：ヴォルフ・D.グルーナー著『ヨーロッパのなかのドイツ 1800～2002』（共訳、ミネルヴァ書房、2008年）。

鈴木直志（すずき・ただし）

桐蔭横浜大学法学部教授。1967年愛知県生まれ。中央大学大学院文学研究科西洋史学専攻博士後期課程単位取得退学。
主著：『ヨーロッパの傭兵』（山川出版社、2003年）、『近代ヨーロッパの探求 軍隊』（共著、ミネルヴァ書房、2009年）、『クラウゼヴィッツと「戦争論」』（共著、彩流社、2008年）、主訳書：U. ブレーカー著『スイス傭兵ブレーカーの自伝』（共訳、刀水書房、2000年）。

19世紀《せいき》ドイツの軍隊《ぐんたい》・国家《こっか》・社会《しゃかい》

2010年4月10日　第1版第1刷発行

著　者　ラルフ・プレーヴェ
訳　者　阪口修平・丸畠宏太・鈴木直志
発行者　矢部敬一
発行所　株式会社　創元社
〈本　　社〉〒541-0047 大阪市中央区淡路町4-3-6
Tel.06-6231-9010㈹　Fax.06-6233-3111
〈東京支店〉〒162-0825 東京都新宿区神楽坂4-3 煉瓦塔ビル
Tel.03-3269-1051㈹
〈ホームページ〉http://www.sogensha.co.jp/
印刷・製本　株式会社 太洋社

ISBN978-4-422-20287-7 C3022